REJECTION FORCE

拒绝力

你说不，没有对不起谁

龙小语◎著

江西美术出版社
JIANGXI FINE ARTS PUBLISHING HOUSE

图书在版编目（CIP）数据

拒绝力 / 龙小语著 . — 南昌：江西美术出版社，2017.7

ISBN 978-7-5480-4334-8

Ⅰ . ①拒… Ⅱ . ①龙… Ⅲ . ①人生哲学－通俗读物 Ⅳ . ① B821-49

中国版本图书馆 CIP 数据核字（2017）第 033401 号

出 品 人：汤　华
企　　划：江西美术出版社北京分社（北京江美长风文化传播有限公司）
策　　划：北京兴盛乐书刊发行有限责任公司
责任编辑：王国栋　刘霄汉　朱鲁巍　宗丽珍　康紫苏
版式设计：曹　敏
责任印制：谭　勋

拒绝力

作　　者：龙小语

出　　版：江西美术出版社
社　　址：南昌市子安路 66 号江美大厦
网　　址：http：//www.jxfinearts.com
电子信箱：jxms@jxfinearts.com
电　　话：010-82293750　　0791-86566124
邮　　编：330025
经　　销：全国新华书店
印　　刷：保定市西城胶印有限公司
版　　次：2017 年 7 月第 1 版
印　　次：2017 年 7 月第 1 次印刷
开　　本：880mm × 1280mm　1/32
印　　张：7
I S B N：978-7-5480-4334-8
定　　价：26.80 元

前言

Preface

当你正埋头于繁忙的工作中，而一个同事请你帮他设计一个方案的时候，你会怎么做？

当你满身疲惫地回到家里，好友却要你陪她去逛街的时候，你会怎么做？

当你头晕脑涨，上司却要你去参加一个客户的酒会的时候，你会怎么做？

在这个纷繁复杂的社会，每一个人都会或多或少地遇上一些自己不想做或不愿做的事情。而很多时候是内心里极不情愿，但又不便直接拒绝。因为人在社会上生活，要和形形色色的人打交道，即便你再正直，也不想把人家弄得很尴尬。无论对方是善意的，还是别有用心的。

在现实生活中，我们都是个体的存在，面对社会外界的要求，很多时候是碍于情面才不得不答应对方的要求。轻易承诺了却无法履行，将会给自己带来很大程度上的困扰和沟通上的困难。这主要受中国人长期以来的中庸的处事方法的影响，当然，也与当今社会的从众心理有关。很多人都戴着假面具生活，不仅是个人的悲哀，更是社会的悲哀！

我们大都听过这样一句古话：大丈夫有所为有所不为。这个“不为”，就是不做，就是拒绝，意思就是当别人有所求而你无能为力的时候，就要敢于拒绝；当你遭遇美丽、温柔的陷阱，自己的合法权益受到侵害的时候，你也要勇于拒绝。

对于拒绝，长久以来我们都有一个错误的观念，认为它是一个贬义词。拒绝代表着一种排斥、一种隔阂、一种敌视，是一种迫不得已的防卫，实际上它是一种更主动的选择。我们在人际交往过程中为了营造所谓的和谐关系，往往对别人的要求百依百顺，不懂得拒绝，因此使自己活得很累。其实这完全没有必要。在智者眼中，拒绝是一种智慧的表现，在某种程度上，更是一门重要的社交艺术！

明初有一位宫廷画师周玄素，颇有些名气，却不是因为他的画作如何了得，而是因为一个典故。

明太祖朱元璋登基，建立大明王朝，拥有天下，自然觉得豪情满怀，为了每日将他的万里江山尽收眼底，便招来宫廷画师周玄素，要他在大殿的墙壁上绘制巨幅《天下江山图》，以显示自己的盖世伟业。

这周玄素颇有心计，听后暗暗叫苦，心想：这偌大的江山，仅凭一幅画怎么表现的了？再说，皇上马上夺天下，武功盖世，却不知道他对画作的好恶，假如自己画的有不合皇上心意之处，恐怕脑袋搬家就在眼前了！思虑再三，周玄素伏地请命：“臣不曾遍走天下九州，孤陋寡闻，不敢奉诏。斗胆恳请陛下启动御笔，先勾勒草图，臣再修改润色一二，方可画出《天下江山图》。”

朱元璋听了，觉得说得有理，便亲自提起笔来，不一会儿工夫就画出一幅《天下江山图》草图，命周玄素修饰。周玄素看了看草图，又启奏道：“陛下江山已定，岂可再有改动！”

周玄素脑袋瓜子确实灵活，这话一语双关，它表面是说这幅《天下江山图》陛下已经画好，我不便改动，而更深的一层意思则是陛下的江山永固。朱元璋自然明白周玄素的话的含意，而这含意十分迎合朱元璋的心理，所以不但让周玄素画画的事情作罢，而且还重赏了他。

就这样，周玄素在维护皇帝的自尊和面子的同时，也巧妙地违抗了圣命，不仅躲避了可能因不合旨意而招来的灾祸，保护了自己的身家性命，同时又显示了自己的谦恭和才华。

我们都不是“超人”，不能让每个人都满意。所以当别人有所请托时，一定要量体裁衣，只有我们自己最了解自己，所以适不适合这个请求或任务只有我们自己最清楚。若是为了某些原因难以拒绝，那这种“不愉快”将会延伸。心里想拒绝，但却不敢、不会、不善拒绝的人，实际往往得戴着“假面具”生活，既活得很累，而又丢失了自我。这种人事后常常后悔不迭，但又因为难于摆脱这种

“无力拒绝症”，又会陷入自责、自卑的泥潭。

根据《梅里厄姆-韦伯斯特大学词典》的解释，拒绝可以用作名词、副词、形容词。其所列举的12条义项表明拒绝有多种不同的用法。本书聚焦的，是“用不表示拒绝或否认的行为或事例”，是“否定的表决或决定”。我们需要用拒绝的智慧保护自己的权利，用拒绝的力量说服别人接受我们的观点，用拒绝的方法正确地做出决策，用拒绝的秘诀创造潇洒而华丽的人生。

本书提供了许多实用的建议，能使广大朋友们在决策过程中变得更加果断坚定，更好地把握自己的时间与生活。阅罢此书，你将学会如何通过拒绝来表达和保护自己的切身利益；如何使自己说出的话坚实而有力量、易于被他人接受而又不破坏社会关系的融合性，等等。

如果你常常为自己不能及时而勇敢地拒绝后悔不已；如果你在为自己不会拒绝而郁郁寡欢，那么，请打开本书！本书将让你全方位地掌握拒绝的艺术，有助于你在人际关系的浪潮中更加游刃有余。

目录
Contents

这些年，你都是吃了不懂拒绝的亏

为面子不敢拒绝的“好好先生”

小峰刚参加工作不久，叔叔来看他。到了吃饭的时候，身上只有50元钱的小峰很想找个小餐馆随便吃一点儿，可叔叔却选中了一家很体面的餐厅。叔叔开始点菜，他征询小峰的意见，小峰只是含混地说：“随便，随便。”心里却直嘀咕，50元钱怎么够付这顿饭钱？可是叔叔却一点儿没有注意到小峰的不安。

吃完饭，服务员拿来了账单，小峰看了一眼，张着嘴，却什么也没说出来，叔叔微微一笑，付了饭钱：“小伙子，我知道你的感觉，我一直在等你拒绝，可你为什么不说呢？要知道，有些时候，一定要勇敢、坚决地拒绝，这才是明智的。”

小峰的尴尬是什么原因造成的呢？显而易见，爱面子是主要原因。虚荣心人皆有之，死要面子则是虚荣心的具体表现。一个人不可能不要面子，但又不能死要面子。死要面子的人，往往丢了面子活受罪。

“面子”是中国人心理上的沉重包袱。“人活一张脸，树活一张皮”，可以说是中国人的集体无意识情结。过重的自尊来自东方哲学熏染，中国佛、儒、道家文化是有厚重耻感内涵的，造成了中国人高度重视做人的“礼仪、节气”，高度重视人的“脸面”，这些文化深深影响着中国人的思想与心理。

现代社会仍然很讲究“面子工程”。中国文化中“面子”：他人眼中的我，即你做任何事情要顾忌面子、做得体面，不能让别人在背后戳你脊梁骨，你得顾忌自己的行为对他人的影响，以及他人对自己的看法。这是文化所形成的人际行为规范，本质上是人的自尊需要。

耻感文化形成了束缚人内心的枷锁，有些人由于个性懦弱、内心自卑而在一个讲究面子的文化环境里很不自由，备受人际焦虑折磨。这种人是活在别人的印象中，其自我概念是建立在他人评价上的，其个性决定了他在人际交往时，会高度关注他人的行为反应，包括他人的需求。如果他在意了别人和满足了别人，自然会获得别人的好感、好的态度和好的评价，自己就会感觉被重视，觉得自己做得很对，很有成就感！

这种自我肯定来于别人肯定的人，是无法在他人面前给予否定的，即害怕说出“不”。因为对别人否定，就意味着对自我的否定，这会断绝看清自己是谁的被肯定来源（给自己评价的客体）。所以，他在对别人有求必应的“讨好”中，充分感到自我的存在和存在的价值。由于“讨好”是以压抑自我为代价，他必然会逐渐感觉是在为别人而活，会逐渐产生拒绝别人的愿望，但他欲拒不能。因为他内心的弱小与不安全感，使他无力承受“万一被拒绝”的后怕，他潜意识的“讨好”欲望，使他还不愿丧失他人的好评和好感，唯有“讨好”能感觉自己是好人，也唯有实现“讨好”才能免除他社交中的焦虑。当然他的心理现实是，要么顾了自尊（面子）委屈了内心自由，要么顾了内心自由而伤了面子（自尊）的矛盾冲突。但一般情况下，他宁愿忍辱内心而不愿丢失面子。

当然，面子不能不要，一个一点儿面子也不要的人，恐怕自尊心也不复存在。关键的问题是要搞清怎样做才算不丢面子。什么面子可以丢，什么样的面子应当保？具体说来，出于虚荣的面子应当丢，有关人格的面子需要保，不保何以处世？而保的办法就是实事求是。事实俱在，曲直分明，面子不保亦在；哗众取宠，装腔作势，面子虽保亦失。

值得一提的是，有些人之所以不拒绝别人，是为了自己的面子。还有很多人接受别人的请托，是为了顾及对方的面子。众所周知，被拒绝是令人不愉快的事情，也是没什么面子的事情，尤其是在众目睽睽之下遭到拒绝，即使周遭的人没有觉得不妥，可是当事人却会觉得自己没有受到应有的重视，颜面扫地。轻者会生拒绝他的人的气，重者两人感情完全破裂也不无可能。所以，不少“好好先生”们为了顾及对方的情绪，维持双方友善的关系而不敢拒绝。你是这样的人吗？

害怕失去朋友，只有自己吃亏

常听别人提起这样的事情：原本打算拒绝却被对方邀请吃

饭，“我们找个饭店，边吃边慢慢谈吧！”结果答应了对方的要求而怏怏不乐归来。

这启示我们，在了解对方意图的前提下，想拒绝对方，就必须严格禁止自己与对方一起吃喝。因为一旦成为“酒肉朋友”，人们就会产生难以抗拒的心理，从而丧失拒绝对方的勇气。

伊尹是商朝开国君王汤王的宰相，他不仅帮助汤王推翻暴虐无道的夏桀，还辅佐商汤、外丙、仲壬、太甲、沃丁五代君王，在朝五十余年，功勋彪炳。伊尹享年100岁，沃丁以天子之礼将他葬在商汤陵寝之旁，以表彰他对商朝的贡献。甲骨文记载商朝还有祭祀伊尹的仪式。

伊尹出生时遭遇洪水，获救后被莘国国王的厨师收养。伊尹在御厨的抚养下长大，学得一手烹调的好绝技；同时他天资聪颖，又用功读书，学问渊博，懂得治国的道理。后来莘国的公主嫁给汤王，伊尹作为陪嫁的仆臣同去。

伊尹重复向汤王陈情了七十次，每次都被拒绝。苦闷之际，擅长烹饪的伊尹突然心生一计，应聘汤王的御厨，为汤王准备早、午、晚餐，历经周折之后，终于与汤王有了“交情”。汤王由于吃了伊尹做的饭菜，故难以拒绝伊尹。

伊尹指出，治国的道理与烹饪的道理是相通的，都统合于“道”，能通晓“道”就能掌握好万事万物。他以调和五味作比喻，向汤王说了许多治国的道理，深得汤王的赏识，被任命为宰相。他说：“做菜既不能太咸，也不能太淡，佐料要放得适中；

治国就如同做菜，既不能操之过急，也不能松弛懈怠，只有弄清主次先后顺序，掌握好分寸，才能够政通人和，国家才能治理好。”

伊尹又讲到各地方的美食，然后跟商汤说：“你要吃到这些美食，就要有良马；要成为天子，就要实行仁政，让你的百姓生活过得好、能够信任你。”在看到夏朝气数已尽，就用“割烹”作比喻向汤王建议“讨伐夏桀、拯救人民”。

伊尹这些亲民、行仁政的建言，商汤听了连连点头称“是”。

成为“酒肉朋友”，对于一个人的观点同意或反对具有非常重要的影响。可能有人会这样想：即使变成“酒肉朋友”，只要各自付款，就不会有心理上的负担，拒绝自然也就不是一件难以启齿的事情，这可就大错特错了。因为从心理学角度讲，一起吃喝的行为本身，往往会无意识中把两个人结合在一起。一旦有了这样的关系，丧失拒绝的勇气也就是理所应当的事了。

违心答应请求，无奈委屈自己

玛丽娜的丈夫是一个公认的好人。无论是亲戚、同事，还是邻居、朋友等，只要对她丈夫说一下，她丈夫就尽量给人家帮忙办好，且不要对方的报酬。这样的人在他人眼中，绝对百分百的活雷锋。可是，玛丽娜却非常苦恼。因为他们家的生活不是很富裕。原因是帮人帮得太多了，家里根本存不住钱。看他人的生活水平一直提高，可是，自家仍然停留在温饱阶段。而且，她丈夫由于帮人，经常不在家，家里的活儿几乎都是她一个人做。

一天，玛丽娜这样抱怨："你可真是个好人，但我嫁给你这好人，我一点儿都不觉得幸福。你谁都帮，谁都想照顾，偏偏不照顾我这当妻子的。把家里的责任甩给我去做，自己倒去做大众好人。"令玛丽娜惊讶的是，丈夫居然说自己其实也不是很情愿，只是通常没有勇气拒绝他人的请求罢了。

玛丽娜家的局面跟前几年的热播剧《家有儿女》里的一个情节非常相似。主人公的邻居经常向他们家借东西，很多次他们都不想借，然而又没有勇气说"不借"。借出的东西，还不好意思要回来。偏偏那个邻居又不自觉，借了东西不还，还继续借其他的。搞得他们家很是郁闷。后来，他们的女儿拒绝了那个邻居借书，还气呼呼地说："拒绝有那么困难吗？不想借就不借嘛！"

为什么有人不想答应别人的请求，却没有勇气拒绝，只好违心地答应呢？因为在他们的成长过程中，缺乏说"不"的家庭教育环境。换句话说，难以开口说"不"是从小养成的性格，是教育孩子的长者，通常是孩子的父母教育孩子的结果。可能有人说，孩子的父母不会不让孩子说"不"的，也不会让孩子一定遵从他人的强迫的。从表面上看，的确不能归咎于父母。然而，深入分析一下，就会得出不一样的结论。

每个孩子的成长过程中，几乎都要经历一个叛逆期。在这个叛逆期，孩子会迫切想挣脱长者的束缚，依照自己的意愿处理事情。当然，孩子的叛逆期之内的叛逆举动很多是错误之举。比如，该吃饭了让孩子吃饭，孩子说：“不想吃。”这实际上就是孩子的叛逆之举。他不想听从大人的安排。大人碰到这个情况，通常是先好言相劝，以便让孩子吃饭。一番苦口婆心之后，如果孩子仍然拒绝吃饭，可能有的大人就会采取“暴力方式”让孩子屈服。从孩子角度而言，他一开始拒绝，结果却发现拒绝会遭受惩罚。如果类似的事情频繁多次发生的话，孩子就会丧失拒绝的勇气，什么事情都遵循大人的意思。大人让他做什么，他就会做什么。因为他已经条件反射，假如说“不”，就得忍受皮肉之苦。渐渐地，说“是”便成为了一种习惯。

再有，孩子在大人强迫他做事的时候，渐渐学会如何观察大人的脸色，害怕惹大人生气，担心自己会因此而遭遇惩罚。因此，他之所以对一件事情说“是”就是怕惹他人不悦。长此以往，类似的事情多了，就会渐渐养成一种说“是”的习惯。简而言之，被拒创伤是导致人们不敢拒绝的重要原因。

有人总结，不敢拒绝的人，在他过去经历和人际环境中，一定存在“不许你”的情况太多。在“不许你”氛围下，人的思维和思想被制约，难有自主性和创造力的发挥，人的所作所为无形中被一种势力控制着，总是听到和遭到“你不能……”“你不要……”“你如果不……就会……”的指引，脑海充斥了太多与“不”相关的内容，为达到“不”的要求和避免违犯“不”的惩罚，一个人的个性里会渐渐形成对“不”的高度敏感，他不得不服从权威，又厌恶和敌视权威的“不许你”，他心里体验着“不也不是，不是也不是”的种种焦虑。

所以，要想增强人们拒绝的勇气，就得从“娃娃时期”开始抓起——在教育孩子的时候，大人应该尽可能地给予孩子多一些说“不”的教育机会。

担心破坏关系，只得自己硬撑

近日来，王硕满脸苦恼地对朋友诉说，他感觉四处讨好他人让自己活得很累。领导交代的任务，从来不打马虎眼，就算是被要求额外加班时也满口答应，因为他总想着借此给领导留下一个好印象。对于同事恳请的事，不管是不是分内之事，也违心地应承下来，担心拒绝会伤害同事之间的情感。

在人际交往过程中，这类人常常扮演奉献者的角色。他们通常认为，别人必须得到我的帮助，在与人交往时我必须做出牺牲，以使别人欢愉，同时也为自己赢得一个好人缘儿。他们绝对遵守法律和社会道德，就是对一般的社会习惯也不敢轻易拒绝。

类似王硕这种想讨好并取悦他人的心理，以致拒绝在心口难开。大致说来，人们想讨好并取悦他人有双重含义：一是功利性的，即通过主动讨好别人而达到自己的某种企图或目的；二是防御性的，即通过讨好别人而达成情感联盟，避免树立攻击对象，为自己取得宽松的生存环境。由此可见，讨好别人有着它积极的一面。但过分“讨好”也会给人带来无尽烦恼。

我们每个人都不是神，并不能满足他人的所有要求。换句话说，无论我们多么尽力，总会有人感到不满。况且，即使我们能够实现对方的某种愿望，也总要为自己的幸福和快乐多着想一些。难道有人找你要很多钱，为了避免拒绝带来的愧疚，为了筹钱就可以去违法犯罪吗？或有人喜欢你，想跟你在一起，你就必须同意吗？既然有很多事情我们做不到，无法取悦所有人，何必还要过于耿耿于怀，心存不安呢？

记住一点：对方有求于你，如果你能够帮到他，那是他亏欠你的；如果你因为心有余而力不足才拒绝对方，也只是互不亏欠。正如俗话说的：“你帮他是情分，你拒绝他是本分。”你没有必要刻意讨好别人，更不必因为拒绝对方而感到亏欠对方什么。

法国权威沟通培训师佛朗斯·布雷卡尔提供了一个测试人们是否迁就他人的小练习。现在，请思考下列情况，勾选出最符合你的选项。

1.最近违心答应别人请求时，在说“是”之前你在想什么

a）“我无权拒绝。”

b）“如果拒绝了，别人就不喜欢我了。”

c）不假思索就答应了。

d）“拒绝会招致不快。”

2.最近一次违心答应别人请求时，你有何感想

a）气愤，但是说不出口。

b）控制不住的冲动涌上心头。

c）感到非常焦虑。

d）感到莫名的不适。

3.最近一次违心答应别人请求时，你的内心深处有什么想法

a）“为什么非要说‘是’呢？说‘不’并不困难，也不复杂，难道不是吗？”

b）他们非要我答应下来。

c）我不愿意，但应该答应。

d）我不愿意，但没能拒绝。

4.最近一次违心答应别人请求后，你有什么想法

a）“为什么我总是这样？”

b）“人是自私的动物。”

c）“争取下不为例。这是最后一次。”

d）“下次答应前我一定多加思考。”

答案分析

依据下表分别计算所得红桃、黑桃、方片、梅花的数量。	a	b	c	d
1	黑桃	红桃	梅花	方片
2	红桃	黑桃	梅花	方片
3	方片	黑桃	梅花	红桃
4	红桃	梅花	黑桃	方片

如果黑桃居多：说明你经常不假思索就会答应。适应型儿童状态在你身上屡见不鲜，以致事后才意识到自己的真实想法。

如果红桃居多：说明你倾向于为讨人欢心而违心迁就。你之所以陷入适应型儿童状态是因为害怕因拒绝而招致不悦。

如果梅花居多：说明你是为避免冲突而迁就别人。你担心说“不”会招来麻烦，因此陷入适应型儿童状态。

如果方片居多：说明你总是让别人满足你的需求。你陷入适应型儿童状态中，是因为妄想即便没有说明，别人也应当顾及你的处事限度。

对照自己的实际情况，倘若你是个难以说“不”的人，那就得深入反省自我：“我为什么非要答应对方我根本没有能力做到的事情呢？”问问自己除了委屈自己以讨对方欢心之外，还有没有其他途径来赢得对方的爱戴与尊重。

时机未到，只能忍受被欺辱

有人不敢拒绝是顾及切身利益，考虑到时机还不成熟，因此才忍辱负重。忍耐是一种品质，是一种力量，更是一种主动收缩、自我控制的人生智慧。有道是“小不忍则乱大谋”。

贾布斯先生已经学会了怎样对人说“不”。在动乱年代的某天，一个名叫布鲁的有权势的人来到他的住宅，拿出一份由统治本城的那个霸主签发的证件，上面说他的脚踏进哪栋房子，那栋房子就归他所有；凡是他要吃什么食物，那食物就得属于他；他要谁做他的奴仆，谁也不许拒绝。

布鲁坐在沙发上，要来食物，大口大口吃完，抹抹嘴，坐到床上准备睡觉时问他："你愿意伺候我吗？"然后，贾布斯先生给他盖上被子，驱赶蚊子，睡觉时也不离开他半步，就这样供他使唤了整整七年之久。他什么事情都替他做了，只有一件事情他不会做，那就是说一句话。

岁月流转，一晃七年过去了。布鲁由于吃足睡足喝足，凡事只用发号施令，从不运动，最后身材变得无比臃肿。在一次心脏病发作后一命呜呼。这时候，贾布斯先生用那床破旧的大棉被把他的尸体紧紧裹住，拖出了房子。然后，把房间冲洗得一干二净，又把整个房子粉刷一新，然后轻松地叹口气，说："我不同意！"

这个故事的主人公贾布斯先生，面对不速之客布鲁的到来，并未将其扫地出门。在布鲁质询他是否愿意伺候他的时候，贾布斯先生也没有贸然拒绝，而是一声不吭地精心侍奉布鲁，服帖地听从布鲁的使唤，直到布鲁归西，才大声拒绝。七年之后的拒绝，表现的是贾布斯先生超人的忍耐力。在现实生活中，我们在做任何事情之前都要衡量是否值得。值得的话当忍则忍；如果是无谓的忍耐，其实是一种懦弱的表现，不足效仿。

人生就是由一个个的选择构成的。忍，还是不忍，对每个人来说都是没有标准答案的，但目标都是一样，就是要改变现状。忍是改变的时机未到，不忍是改变的时刻来临。在时机未到之时，忍耐不是逃避，而是休养生息；不是退缩与屈服，而是忍一时风平浪静，退一步海阔天空；不是放弃，不是消极颓废，而是“留得青山在，不怕没柴烧”的等待；不是绝望，不是苟且偷生，而是忍辱负重，在失败后总结失败，在成功时总结成功。

清朝嘉庆皇帝政治上最为精彩的一笔是，乾隆皇帝去世10天之内扳倒和珅。和大人出身于满洲正红旗，出生在现北京西直门内驴肉胡同，属于让朝廷放心的皇家一族。自幼聪明伶俐，熟读四书五经，对“《论语》心得”恐怕可与北京师范大学的于丹教授相媲美。而且多才多艺，通晓满、汉、蒙、藏四种语言文字，善书法。他最大的本领是极善于察言观色，乾隆皇帝喜欢什么他就能学会什么。嘉庆刚上台时，和珅曾去巴结过嘉庆。嘉庆很讨厌和珅，但知道他还是父皇的红人，自己扛不动，只能乖乖地按兵不动。1799年，乾隆一驾崩，嘉庆便向曾位极人臣的和珅动刀，一下子列举其20大罪状，赐其自尽，尽抄其家产。

智者的忍耐向来是有限度的，不是一直忍耐下去，而是终有爆发的一天，达到自己的目的。勾践能忍当马夫，尝粪便之苦。回到越国，还能忍耐卧柴薪尝苦胆之苦；韩信家境贫寒，常食不裹腹，遭受欺凌而忍胯下之辱。最终，他们都创造了属于自己的辉煌。当我们受命运摆布的时候，为了顾全自己的利益，也必须学会忍耐。这将让我们站得更高，望得更远，让我们在沉默中坚定自己的信念，在失望中找到希望。

缺乏主见，附和别人的想法

有的人在交谈时，往往习惯说“是的，我同意……”“我也这么认为”。交谈中，大家想要听的是你个人的看法，而不只是要你随声附和地回答“是的”。要让自己成为独特的人，就要与一般人有所区别，要表现出自己独特的看法。

有一天，爱迪生在路上碰到一个朋友，看见他手指关节肿了。

爱迪生问朋友：“为什么会肿呢？”

“我也不知道。”朋友说。

“你为什么不知道？医生知道吗？”

“每个医生说的都不同，不过医生大多说是痛风症。”

“什么是痛风症？”

“他们告诉我说，这是尿酸积淤在骨节里。”

“既然如此，他们为什么不从你骨节中取出尿酸呢？”

“他们不知道如何取法。”

这时的情形好像一块红布在一只斗牛面前摇晃一样。

“为什么他们不知道如何取出尿酸呢？”爱迪生有点儿生气地问。

“因为他们说尿酸是不能溶解的。”

“我不相信。”爱迪生回答说。

爱迪生回到实验室里，立刻开始试验，想确认尿酸到底是否能溶解。他排好一列试管，每只管内灌入四分之一不同的化学液体，每种液体中都放入数颗尿酸结晶。两天之后，他看到有两种液体中的尿酸结晶已经溶化。于是，爱迪生便有了新发现问世，这个发现也很快传播了出去。现在，这两种液体中的一种已在医治痛风症中得到普遍应用。

魏将乐羊奉文侯之命攻打中山国，而他的儿子就在中山国。中山君就拿他的儿子做人质，想逼迫乐羊退兵，乐羊没有听从他的话。结果，中山君杀了他的儿子并做成肉汤给乐羊送去。乐羊在军帐下将肉汤一饮而尽，然后，率兵攻打，一鼓作气就灭了中山国。文侯接到捷报时，对大臣堵师说："乐羊为了本王，竟忍痛吃了他儿子的肉，这是多么忠心啊！"堵师回答说："连儿子的肉都敢吃，这样的人将来还会在乎谁的性命呢？"

乐羊凯旋归来，文侯对他大加犒赏，但从此对他起了戒心。

人有观点，所以存在。

每个人讲话都有其独特的方式，无论是讲话的语言还是手势，都具有个人色彩。如美国人最擅长以夸张的动作，表现自己内心感受的极限；欧洲人和东方人则比较含蓄、内敛，不轻易把内心的感受一五一十地表现于外。但所有人都有一个共同的特点，即随声附和，只不过有的轻、有的重、有的隐、有的显而已。随声附和在多数情况下表达着一种善意的成全。但这种没有独自思想的附和，并不能表现出你的独立人格与个人意见，反而更容易让人觉得虚假。

在问题面前，重在保持一种质疑的态度，保持自己的主见。

聪明人未必能解决每一个问题，但他们不会因为别人说不能解决，便以为真的不能解决，而是积极地用事实去证明能够解决。

在与人谈话中，必须有自己的观点，不要人云亦云。同时，不要拘泥于说话的技巧，而要学会变通。说话有观点，其本质就是要有主见。

不要总是从常理出发，如果总是从常理出发，人们就很容易猜测到你的心思，你所说的每一句话也就在别人的意料之中。说话时，必须有自己的观点。哪怕遭到很多人反对，有些时候也是必须坚持到底的。

汉光武帝统治时期，大将高峻凭借人强马壮占据高平。刘秀派寇恂率军讨伐高平。临行前，寇恂请示光武帝："是要讨伐他，还是招降他？"刘秀道："能招降最好，不然就剿灭他的全军。"

高峻得知寇恂领命来镇压自己，便派军师皇甫文出城拜见寇恂，试探朝廷的口风。同时，让守城的士兵高度戒备，不允许任何人随意出入。

皇甫文来到寇恂军帐后，一副趾高气昂的样子。寇恂见其态度傲慢，不禁暗暗生气，问道："见了本将军，为何不跪？"

皇甫文拍手大笑："向你下跪？就是刘秀在此，我也不跪，何况是你一个武夫！"

寇恂拍案大怒："你们这群乱臣贼党，不为江山社稷立功，反而危害人民，抵触朝廷，罪大恶极。本应斩首示众，诛灭九族，念当今皇上仁慈，只要你们肯投降，朝廷定会从宽处理！”

皇甫文还没听完，便已笑得蹲在地上。众武官皆被皇甫文的这种行为激怒，都大声呵斥道：“这成何体统，像你们这种人，即使朝廷招降了你们又有什么用？”

皇甫文听到这里，立即止住了笑，站了起来，用手指着寇恂嘲讽道：“你不敢攻城吧？刘秀小儿没给你命令，你这小官岂敢乱来？”

寇恂冷冷一笑，对皇甫文说道：“本将军攻不攻城，我想你是看不到了！”

皇甫文惊了一下，故作镇定地问道：“你说什么？”

“来人啊！”寇恂一声大喊，“把这个狗头军师给我拖出去斩了！”众武官们忙拦阻道：“将军，两兵交战，不斩来使！”

皇甫文连声道：“是啊，是啊！将军难道没听说过吗？”

寇恂没有听取众人的劝告，命令两个武士把浑身颤抖的皇甫文拖了出去，并告诉皇甫文的副使道：“回去告诉你的上司，皇甫文已被我斩了。若投降就赶快投降，若不降就等着我的军队攻城！”

副使忙跑回去告诉高峻，高峻害怕了，当日就大开城门，投降了寇恂。众将领向寇恂贺喜，顺便问他：“当日来时，高峻严守城池，一点儿也不像投降的样子。为何杀了皇甫文，他就这么快投降了呢？”寇恂解释道：“皇甫文是高峻的心腹，他让皇甫文来营中见我，言辞态度傲慢，是想试试朝廷到底是招降还是剿灭。如果不杀皇甫文，高峻一定以为朝廷是来招降他们，这样他们就有恃无恐。杀了皇甫文，他才知道我们的决心，所以才这么快就投降了。”由于没有费一兵一卒，寇恂便招降了高峻，光武帝知道后甚是高兴，赐寇恂黄金万两，并加官晋爵。

在这个故事中，“两军交战，不斩来使”是常理，大家都认为应该这样做。但是，寇恂并没有遵循。他根据顽敌会因此变得更加顽固不化的判断，毅然坚持自己的观点，最后达到了很好的效果。

在意别人的眼光，缺乏自信

很多人特别在意别人的目光，在意别人的评价，总觉得别人的做事方法是正确可靠的，不敢坚持自己的生活方式。

人具有一种先天的趋同心理，即使是无聊的事，如果大家一起做，就忘了事情本身的无聊，反倒会觉得有意思。因此，往往不害怕自己错了，而害怕只是自己一个人错了，也就是孤独地错。成千上万的人一起走向毁灭的时候，每个人并不需要多大的勇气就可以走下去。当初希特勒在他的士兵面前说“为我们的民族而战”的时候，那些摩拳擦掌的人其实并不是勇士，真正的勇士是敢大声说“我不想去”的那个人，因为这需要不可估量的勇气。

弗洛伊德说："简直不可能不得出这样的印象：人们常常运用错误的判断标准为自己追求权力、成功和财富，并羡慕别人拥有这些东西。他们低估了生活的真正价值。"每个人都在感受自我的价值，因为这是生命的重心。但是，老实人却一直朝着一个错误的方向努力：以为自我的价值必须得到别人的认可才能有价值。所以不时对自己的人格修修补补，时刻观察别人的脸色，时刻观察别人怎么做，生怕与别人不同而显得奇怪或另类。然后，就以此标准更正自己，这种错误的心理定势和判断标准使他们丧失了评判自己的能力。

爱默生在他的《论自信》里说道："每一个人受教育的过程中，一定会在某个时期发现：羡慕就是无知，模仿就是自杀。不论好坏，必须保持自我本色。虽然广大宇宙充满了好东西，可是如果他耕作一块不让他耕作的土地，他绝对不会有好收成。他所有的能力，是自然界的一种新能力。除了他之外，没有人知道他能做出什么，他能知道些什么，而这些是他必须尝试求取的。"

有一个饭店老板的女儿叫凯丝·珊妲尔，她想成为歌唱家，可是自己的脸蛋儿长得并不好看：嘴巴很大，牙齿向外凸。每一次公开演唱的时候，她总是想把上嘴唇拉下来盖住牙齿。她极力想表现得"很美"，结果，反而使自己大出洋相。

在夜总会里有位听过珊妲尔唱歌的客人，认为她在演唱方面很有天分。他对珊妲尔直率地说："我一直在看你的表演，我知道你想掩盖的是什么，你觉得自己的牙齿长得很难看，对不

爱默生说：“羡慕就是无知，模仿就是自杀。不论好坏，必须保持自我本色。”

对？”珊妲尔非常羞窘，可是那个客人继续说道：“难道说一个人因为长了龅牙就罪大恶极了吗？不要执意遮掩，张开你的嘴，如果观众觉得你不在乎的话，他们就会更喜欢你。再说，那些你想遮起来的牙齿，说不定还会给你带来好运呢。”

凯丝·珊妲尔受到极大的鼓励，她接受了这位客人的忠告，不再注意她的牙齿。从那时候开始，她只想她的观众，热情而愉快地歌唱。终于，她成为了一流歌星，并且，现在的喜剧演员还以学她的样子为荣。

每个人都应该有为人处世的原则，不要在乎别人认为我们该做什么，我们必须知道我们该做什么。正视自己，抛开世俗的声音，倾听自己的心声。

所谓情商高，就是会拒绝

每个人都可以大方地拒绝别人

美国著名人类学家威廉·尤里曾形象地比喻：整个人生就是在赞成与拒绝之间跳跃的舞蹈。我们每个人只要是醒着，就有必要拒绝，无论对朋友和家人，还是对老板和同事，抑或是对合作伙伴和自己。然而，稍加注意，便会发现时常听人这样说：

“我不能拒绝他……”

“面对老板，面对父母、爱人，甚至孩子，我都不能拒绝……”

“我经常迫不得已地对人说‘是’，以致我常有太多的事情要做，整天忙得焦头烂额。”

事实上，每个人都能说“不”，都有拒绝的权利。如果你想要保护自己的尊严，保护自己独立发展的志向，保护自己的时间，保护自己的财产和金钱，保护自己的健康，甚至生命，就必须学会拒绝。

作家余毛毛说，在某一年的6月里，遇到两个平凡的女孩，都只有19岁。

第一个女孩是一家饭店的服务员。那天，和几位朋友在一起吃饭，席间，聊到各自读中学时的母校，当余毛毛说自己母校是市S中的时候，在一旁不声不响为他们服务的她快乐地笑了起来，对余毛毛说："呀，我们是校友耶！"由于余毛毛对自己的母校没啥敬意，因为它几乎是全市最差的中学。于是，便跟朋友们说："你们看到了吧，这就是S中的，你们现在不是局长，就是主任，不是作家，就是老板，我到现在还是个小科员，我这位小校友在这当服务员，我们S中毕业的，都没什么出息。"

大伙哄笑，令余毛毛没想到的是，刚才那番话激怒了这位小服务员，她说："S中的怎么了？当服务员怎么了？你自己不行，怪学校干什么。我是A大的学生，我们家穷，我只不过是在这勤工俭学而已。"服务员冲撞客人这是不礼貌的，但余毛毛自感无礼在先，而且她的话也让他们惊讶，便也没计较。他们问她的情况，才知道她父母双双下岗，她上大学不花家里一分钱。

第二个女孩是一个景点导游。他们去的时候，她正在售票处的大厅里跳绳，看到他们来，她欢天喜地地将绳子一扔，说："你们请我吧，我认识这山上的所有的花草树木，不请我，你们亏大了。"他们原本不想请导游，但她的话逗乐了他们，于是就决定请她。

果真，她认识这山上不少的花草树木，但不是所有的。他们调侃她，说她给自己做虚假广告，她哈哈地笑了起来，说："不把你们哄上山，我怎么赚到钱，带你们一趟我能拿十五元提成呢。"

这时她的手机响了，她和什么人在电话里争执了起来，最后她说："我就不回去，我就不要你们的钱。"说着赌气地挂了电话。余毛毛有点儿好奇，说你这跟谁在吵呢，她说是她老爸，余毛毛问："你老爸给你钱为什么不要，他很有钱吗？"她说："是的啊，他开了一家工厂呢，我们家还有个酒店，还有个茶庄呢。"

这番话让余毛毛一行人震惊不已，问："你们家这么有钱，你还做导游干什么？"她轻描淡写地说："我不乐意花他的钱，我就喜欢花自已赚的钱，我是学旅游管理的，我才不要回家做小老板。"

由上不难看出，说"不"固然代表"拒绝"，但也代表一种"选择"。而一个人正是通过不断的选择来界定自我、形成自我的。因此，当你想说"不"的时候，就等于说"是"，等于选择了一种与对方截然不同的立身处世的状态。勇敢拒绝并不一定会给你带来麻烦，反而能替你减轻压力，更好地赢得生存与发展的机会。

不只说"不"，要说"是—不—是"

不管在任何时候，拒绝别人的要求或否定别人的意见，对人们来说，都是一件难为情的事。一个人在提出自己的意见或请求而遭到不讲方式的否定或拒绝时，人的自尊心往往会激起以牙还牙的反抗，这种心理反应会极大地阻碍谈判和交流的顺利进行。因此，不管在什么情况下，我们应当尽可能避免这种心理活动的产生。

善于布道的布道家皮却牧师在1887年3月8日去世了。3月15日，爱保德牧师被邀登坛讲道。他想尽其所能，使这次讲道有完美的表现，所以他事前写了一篇演讲稿，准备到时用。他一再修改、润色，才把那篇稿子完成，然后，读给他太太听。但是这篇讲道的演讲稿并不是很理想，和普通演讲稿没什么两样。

假如他太太没有足够的修养和见解，一定会向他这样说："爱保德，这篇演讲稿糟透了，那绝不能用——如果你这样讲的话，听的人一定会睡去，它读起来就像百科全书一样；你讲道这么多年，应当很明白。老天爷，你为什么不像平常一样讲话，为什么不自然一些？"

她当然可以这样对她丈夫说！但是，如果她这样说，又会出现什么样的后果呢？

那位爱保德太太，相信她知道这回事，所以她巧妙地暗示她丈夫，如果把那篇讲道演讲稿拿到《北美评论》去发表，的确是一篇极好的文章。换句话说，她虽然赞美丈夫的杰作，同时却又向丈夫巧妙的暗示，他这篇演讲稿，并不适合讲道时用。爱保德看出了他妻子的暗示，就把他那篇绞尽脑汁所完成的演讲稿撕碎。他什么也没准备，就去讲道了。结果，那次的讲道比以往还要成功。

智者在拒绝对方时会说："是的，我能理解为什么事情会那样，但是……""你的要求并不过分，问题在于……""你没错，假如我站在你的位置上，我也会这样说，但……"；而愚者在拒绝时多会这样说："你的要求太高，我们办不到。""不行，你怎么老是这样，如此下去，我们还怎样合作……""你这样做不对，真笨……”

秦汉之际，刘邦率兵攻破函谷关，入咸阳，灭了秦朝。他进入秦朝皇宫，见宫室富丽堂皇，美女珍宝不计其数，于是流连忘返，想留在宫中，享受一下做皇帝的快乐。跟随刘邦出身草莽的樊哙知此，气冲冲地责问：“沛公，你是想得天下，还是想当富家翁？此室中所有，皆秦所以亡天下也，沛公赶快回霸上，绝对不能在宫中逗留。”

刘邦听了樊哙这一席话，心里顿生反感，脸上也露出不悦之色，不予理睬。

过了一会儿，张良也来对刘邦说：“只因秦王贪暴，不得人心，你才取得了今天的胜利，我们既然为天下除去暴君，理应以俭朴为本，现在刚进咸阳，若又像秦王一样享乐，岂不等于重蹈覆辙？况且，良药苦口利于病，忠言逆耳利于行，希望您能听从樊哙的劝说。”终于说服刘邦还军霸上，揭开了楚汉战争的序幕。

张良与樊哙同为劝说刘邦，但因两人说话的方式不同，而效果也大相径庭。刘邦率先破秦入关，正功成名就、志得意满之时，逆耳忠言是很难听进去的。而出身草莽的樊哙全然没有意识到这些，一阵责备中含讥讽，令刘邦反感，故而对他的意见置之不理。而张良的批评则从分析秦为何灭亡和刘邦为何得胜入手，然后总结说明贪图享乐的后果，最后再肯定了樊哙意见的合理性。张良的分析恰到好处地扣住了刘邦的心理状况，强调刘邦所关心的问题，再加上语气委婉动听，虽是批评意见，刘邦也欣然接受。

同样的一张嘴，同样的一个“不”字，有人能利用它来拯救一国之难，也有人因它而遭到杀身之祸，一切都由各人掌握。

“是的，但是”会使对方放弃说服

美国的消费者团体为了避免被迫买下不愿意买的东西，发行了《如何与推销员打交道》之类的手册。里面介绍了如何拒绝来访的推销员的各种办法。据说，其中以“是的，但是……”法最为有效。比如，对方说：“你闻闻看，很香吧？”你可以说：“是的，但是……”先肯定对方的说法，然后以“但是”的托词敷衍过去。

如果开始就断然否定，推销员一定不会甘心，想方设法要和你交谈。然而，“是的，但是……”的话，则意味着没有什么好说的了。对方再精明，也无可奈何，只好放弃说服你的企图。

在人际交流沟通过程中，说“是”总比断然说“不”能使对方安心。也就是说，这时的“是”，发挥了把两个人的心联结起来的“心桥”功能。一旦两人之间架上了心桥，即使再听到“不”也不容易起反感。因此，当你想拒绝对方时，应先用“嗯，不错”的话来肯定对方。或说：“是的，您说得一点儿也不错。但是，请您耐心听听我的理由吧……”这样委婉地叙述反对意见，对方较容易接受。如果你提供的理由能够让对方意识到你是为了他的“利益”而拒绝的，当然更好不过了。

你可以这样说："我非常同情您，也非常想帮助您，但对这件事我并不在行，一旦干坏了，既耽误了工作，又浪费了财物，影响也不好。您不如找一个更稳妥的人处理它吧。"或者说："您的事限定的时间太短了，我如果轻易答应了，在如此短的时间内，肯定办不好。您可以先找别人，实在不行了你回过头来再找我商量。"这位朋友即使转了一圈再回来求你，你已有言在先，这时你就可以提出一些诸如推迟完成日期之类的条件。如果这位朋友认为不行，他自己就会另谋其他解决方案去了。

如果朋友请求帮助的事情确实是思考欠妥，你可以耐心地、实事求是地给朋友分析这件事做与不做的利弊，让朋友自己得出"暂时不做此事"的结论。

"这个方案不错，只是目前条件不成熟。"

"这倒是个好办法，但我的上司恐怕接受不了。"

"这个想法很好，遗憾的是我那段时间正好在外出差。"

在谈判刚开始时，说话一定要谨慎小心。即使你完全不同意对方的说法，也千万不要立刻反驳。反驳在通常的情况下只会强化对方的立场。所以你最好先表示同意，然后再慢慢地使用"感知、感受、发现"的方式来表达自己的观点。

刚开始时，你不妨告诉对方："我完全理解你的感受。很多人都有和你相同的感觉（这样你就可以成功地淡化对方的竞争心态。你完全同意对方的观点，并不是要进行反驳）。但你知道吗？在仔细研究这个问题之后，我们发现……"

接下来，再看几个具体的例子。

如果你在申请一份工作，对方的人力资源主管告诉你："我感觉你在这个行业经验不是很丰富。"如果你反驳说："我以前做过比这个更有挑战性的工作。"对方很可能会把你的话理解成"我是对的，你是错的"。这时对方就会被迫地捍卫自己的立场。所以你不妨告诉对方："我完全理解您的意思。还有许多人也都是这么说的。可我一直以来做的工作和现在贵公司空缺职位之间有很多共同之处，这些共同之处可能并不是那么明显，所以我可以向您详细解释一下。"

如果你是一名推销员，买家告诉你："我听说你们的物流部门出了点问题。"这时如果你立刻反驳，反而会让对方怀疑你的客观性。所以你不妨告诉对方："是的，我也听说这件事情了。我想这个谣言几年前就已经开始流传了，当时我们公司的库房正在迁址，所以的确出了一些问题，但现在就连××和××这样的大公司也开始与我们合作了，所以我们并没有什么问题。"

最后，再次强调指出，切忌在一开始就直接反驳对方，那样只会导致双方的对抗，一定要先表示同意，然后再想方设法扭转对方的看法。众所周知，当两个人同时伸出各自的手掌，掌心与手指同时相对。然后，一方开始慢慢加大力量，另一方自然而然地就会同时加大反抗的力量。同样的道理，当你向你的谈判对手发起言语攻击，直接反驳他时，他自然也会奋起反击，捍卫自己的立场。对此，我们必须谨记在心。

用“这是我一贯的原则”来回绝

经常会有一些因与对方关系太过亲密而无法拒绝的事发生，虽然与对方之间的交情历来已久，但是每次见面都会有一些令自己“头大”的细节，比如，自己的钱或书到了对方那里便有去无回，或对方在你档期已满的情况下提出邀请，等等。

遇到诸如上述的情况，该如何拒绝对方呢？不妨用“这是我一贯的原则”来做挡箭牌。举个例子：碰到朋友想跟你借钱，可是你不想借时，可以说：“非常抱歉，我的原则是：钱不外借”。用这样的回绝方式，可以表示你并不是针对他个人，而是一视同仁。无论对任何人，你所采取的态度都是一致的。

在面对形形色色必须说“不”的情景时，拿出“这是我的一贯原则”的模式回应，可以增加拒绝的力量和面对问题的慎重性。用这种方法，也等于暗示对方你以前可能遇上类似的请求，而且，也已经慎重考虑过该如何回应。这也等于暗示对方，你以前的经验告诉你，这类的请求最好不要答应。此外，用这种方法也传达了你不能违反自己承诺的信息。当你说“非常抱歉，我不能去。因为每个星期六的白天是我与爱人一起陪孩子玩的时间。”回绝别人时，也等于让别人知道你们家庭的例行活动是无法更改的。

当然，在寻找回应方式之际，你可以先帮自己制定一套个人的原则。因此，我们得到一个重点：在轻松自在地说“不”之前，必须自己先真正思考一下个人的立场是什么，这些立场包括：为什么要说“不”？当你拒绝了不想承担的压力时，你还为自己另外创造了哪些其他的空间？当你能够认清并坚持自己所重视的事情时，就能大胆拒绝别人了。比如，为了抽出时间和孩子在一起而拒绝同事的逛街、爬山等提议。为了追求个人重视的事务，当你对其他活动说“不”时，就会觉得心安理得，不再那么愧疚了。

拒绝前说句“反正”“还是”的转折语

“绝对不可以，我已经说过无数遍了。”

“不行，因为我是你的长辈，就得这样。”

“我虽然感到很抱歉，但还是不行。既然我是你妈妈，就得遵守我的规则。”

诸如此类的回答，是不是很耳熟？这些话似乎已经流传了千百年，很多为人父母者都会引用类似的话教训孩子。诚然，这并不是最佳的沟通方式，但是，这样的回答会留给孩子较小的质疑空间，也无法再怀疑父母的决定，因为这些话的内涵表达得非常清楚，几乎没有什么讨价还价的余地。我们来看这样一个例子。

当孩子看电视的限制时间一到，你可能会长篇大论地说：“好了，我不希望你再看电视了。这些卡通影片的内容很暴力，我非常担心你会学他们，一言不合就用棍子打别人的屁股。而且，你浪费这么多时间看电视，就没有更多的时间学习。当然，也没有时间到户外去运动运动，呼吸新鲜空气。再说，多运动、呼吸新鲜空气是很好的习惯，你以后长大了，对你保持健康的体魄绝对是有益无害。”孩子可能也会默默地听，然而，孩子在听了你解释这么多之后，也可能产生逆反心理：“我偏要继续看。”尤其是当面对年纪小的孩子时，家长说得越多，孩子听进去的就越少。有一位妈妈曾表示：“我4岁的孩子很聪明，如果我说了很多来解释，他就会说：‘妈妈，不要再说了。’让我知道，他已经听不进去了！”

所以，当你拒绝时，话要说多说少，得看孩子的年龄。其实，简简单单说一句：“今天电视看够多啦！还是关掉吧！”“反正你现在必须把玩具收好。”就可以轻轻松松把孩子搞定。

上述原则不仅仅适用于家长与孩子之间的交流，同样适用于日常的人际交流。

“反正我在月底之前是没时间帮你写论文……”

“反正我无能为力……”

“还是找小李帮你在纽约买相机吧……”

由上不难看出，“反正”“还是”表达着“中止判断”和“放弃思考”的意思。有时，它们还能反映出说话者不但要切断“过去”，连“未来”的展望也有要切断的架势。倘若在拒绝他人的时候巧妙使用这一类放弃思考的话语，能有效让对方放弃想要说服你的意愿。

由于能够忽视一切道理，因此，即便是对方堆积再多的道理试图把你说服，你只要来一句“反正我无能为力”，便可让对方在此话之前所做的全部努力失去意义。

值得一提的是，在中断议论方面，相比之下，“还是”一词较能发挥效力。比如，你可以说：“虽然你这么说，我还是不行哦。”

给对方留下你已“尽力”的印象

在通常情况下，人们对自己提出的要求总是念念不忘。对于自己所要求的事情，后来经过如何处理，更会非常渴望知道。如果长时间得不到请求人的回音，就会认为请求人不重视自己的问题，从而对对方心生反感、不信任感，甚至滋生仇恨心理。相反，即使请求人不能满足自己的要求，只要请求人能做出些关怀的样子，不仅不容易心生抱怨，甚至还会对请求人心存感激，主动撤回让其为难的要求。

在日本历史上，身为摄政大臣的丰臣秀吉，权势达到了登峰造极的高度。有一年，丰臣秀吉提出要亲自去采集松蘑。家臣听后，甚是为难，因为时令已过，松蘑早就采光了。怎么办呢？家臣们终于想出了一条妙计。头一天晚上，他们便在一片地里到处插上松蘑。第二天，秀吉来到这里，面对着满地的松蘑，赞叹不已。此时，有个家臣悄悄对秀吉说：“殿下，这松蘑是昨天夜里才插上的……”周围的家臣们顿时吓得面色苍白。

然而，秀吉听后却微笑着说：“我是农民出身，松蘑长得什么样当然比你们更清楚。可这毕竟是出自大家的一片苦心。对大家为满足我突然提出的愿望而表示的心意，我怎能加以责怪呢。相反，倒应该认为这是一件值得高兴的事啊。为了表示我的谢意，这松蘑大家就分去品尝吧！”

丰臣秀吉的家臣，聪明就聪明在是让丰臣秀吉自己放弃了他的不可能的请求，但同时又让他知道了家臣们的良苦用心都是为了他。因此，他不但放弃了采集松蘑的要求，而且还对家臣表示谢意，让大家分尝松蘑。应该说，这种拒绝是很可取的。

这给我们的启示是，在现实生活中，当他人（尤其是上司）向你提出某种要求而你又无法满足对方时，设法让对方产生一种自己已经“尽力而为”的错觉，能有效让对方打退堂鼓，自动放弃其先前的要求。这是为什么呢？在做出解释之前，我们先来谈谈德国作家歌德《少年维特之烦恼》的主角维特的故事吧。

维特为了没有成就的恋情而选择了死。失恋过的人，会理解不能不选择这种方式的心情。当然，并不一定是所有失恋的人都会自杀。对于在恋情上被说“不”的大多数人，尽管心灵受了创伤，但不久还是会死心的。当要死心之际，多半都有理由。“幸亏没有搭上那样的女人”，或者“毕竟她是高不可攀的呀”等，理由各色各样。其实，很显然，这时的理由本身并不怎么重要。

上述现象便是心理学上所谓“合理化”的机能。它是防卫机能的一种，为了回避自己的不安，给自己找一些方便的理由来作为借口。像《伊索寓言》里无论如何也吃不到葡萄的狐狸，对自己说“那葡萄太酸了不能吃”的故事，正是合理化的典型例子。

一言以蔽之，合理化就是把自己能力的不足，转嫁责任于其他事物上。这样，纵然失恋了，也可以防止把自己逼到非要夺取自己性命不可的地步。

想巧妙地拒绝，要领之一是利用这种合理化的机能把对方所感受的不愉快消除殆尽。

为达此目的，要让前来拜托的对方畅所欲言，即让对方尝到那种已把你彻底逼到尽头的气氛。这时，你有必要假装已屈服于对方的热诚。但是必须保留做决定性的答复，而经过几次之后，才加以拒绝：“经过一番考虑，还是不便接受，实在对不起。”这个方法，使对方有一种满足感：“我已尽力而为了。”这种心理必然会趋向把责任推给对方：“那个家伙真是不可理喻！说难听点，真是愚蠢啊！”有了这种理由做借口，被拒绝后的不愉快就会消失掉。

又如，有人邀请你周末去郊游，而你对这个时间早已做了安排，怎样拒绝他呢？“郊游？太棒了！我早就想和你一起好好到郊外玩玩了，可是……”由于你对没有答应他的要求表示了遗憾，他虽遭到拒绝，鉴于你是心有余而力不足，所以他心里还是感激你的。

当上司向你提出你并不能满足的请求后，不妨运用此法。首先答复："您的意见我懂了，请放心，我保证全力以赴去做。"过几天，再汇报："这几天×××因急事出差，等下星期回来，我再立即报告他。"又过些时日，再禀报上司："您的要求我已转告×××了，他答应在公司会议上认真地讨论。"尽管最终事情极有可能不了了之，但你也会给上司留下好感，因为你已造成"尽力而为"的假象，上司自然不会再怪罪你了。

而对前来兜售办公用品的推销员说"不"，如果被拒的对方平日就没有利害关系，直接拒绝就可以了。如果碰上重要的客户，既不伤对方的感情，又要看起来尽量符合对方的要求，不妨也给对方造成一种自己已"尽力而为"的假象。举个例子，明知不可以接受的事，也要先说："知道了，我尽最大能力努力看看。"以此来让对方放心。待其离开后隔一段时间，煞有其事地电话告知："我们经理忙了一上午，等经理闲暇的时候，我再和他提提这件事。""我下午正要对经理提出时，谁知马上又要组织开一个会了。"如此这般逐一回答，表示并没有忽视对方的要求，纵使在公司里根本没把它当成问题处理，也要在回答时装作很认真的样子。

在拒绝前，要找到替代方案

在拒绝对方的时候，为了不伤害彼此的关系，最好有代替的拒绝，或给予对方其他补偿或提出其他的解决方案。比如，“你跟我要求的这一点我帮不上忙，我用另外一个方法来帮助你”。这样一来，他虽然被拒绝了，但他还是会很感谢你的。因为你拒绝他的同时，又提供了其他方法，帮他想出另外的出路，实际上还是帮了他的忙。

甲：“您就帮我把这件事办了吧！”

乙：“这件事我实在没有时间帮你去办了，你不妨去找××试试。”

甲：“这份资料，我能借用几天吗？”

乙：“对不起，这份资料我这几天还要用，不过图书馆里还有一份没有借出去，你赶快去还可以借到。”

当对方确有为难之事求助于你，你又无法承担或不想插手时，你可以用为对方另找其他出路的方法，来弱化可能产生的不愉快。对方有了其他“出路”，就会对你的拒绝不在意了。

还有这样一则对话：

小李：“小张，王经理让我把这些资料整理好，但我怕做不好，你能帮我完成吗？”

小张：“我很愿意帮你的忙，不凑巧得很，我自己的那份工作还没干完。其实以你的能力和素质是完全可以做好那件事的。你不妨先干着，也许我能帮你干点别的什么。”

小李：“那好吧！谢谢你啊！”

小张的这一番话说得非常妙，如此既有拒绝，又有相反的建议，建议他先干着，对方还有什么话好说呢？相反，如果小张本能地回答："你的事我可不在行。"这是很不好的拒绝方法，很容易伤了同事之间的和气。

工作、生活当中，很多事情并不见得只有一种解决方法，正所谓"条条大路通罗马"，此路不通，我们当然可以选择另一条路。只是对于那些心急如焚的人来说，他们往往只看到其中一条道路，如果我们觉得对方所选择的这条道路实在不妥，那么可以向他们提供另外一种自己可以帮得上忙的建议。比如，"你说的方法很难实现，我恐怕无能为力。不过我有另外一个建议，你不妨一试……"

提出的建议如果对方能接受，那么自然皆大欢喜，倘若对方不接受，仍旧坚持原来的方案，那么你无法帮忙也在情理之中，拒绝起来便是有理有据，顺理成章了。

这种拒绝的方法在商务谈判中尤为适用。因为在商务谈判中很多时候仅仅依靠以理服人、以情动人是远远不够的，毕竟双方最关心的是切身利益，断然拒绝会激怒对方，甚至交易终止。假使我们在拒绝时，在能力所及的范围内，给予适当优惠条件进行补偿，或为对方提供其他的解决方案，往往会取得曲径通幽的效果。

1.给予适当的补偿

自动剃须刀生产商对经销商说："这个价位不能再降了，这样吧，再给你们配上一对电池，既可赠送促销，又可另作零售，如何？"

房地产开发商对电梯供销社报价较其他同业稍高极为不满，供货商信心十足地说："我们的产品是国家免检产品，优质原料、进口生产线，相对来说，成本稍高，但我们的产品美观耐用，安全节能，况且售后服务完善，一年包换，终生维修，每年还免费两次例行保养维护，解除您的后顾之忧，相信您能做出明智的选择。"

2.为对方提供其他的解决方案

如果上司给你不合理的要求，你的拒绝方案绝对不是直接拒绝。

到底什么是不合理要求？定义其实有些模糊而且带有主观认知。一个对你而言可能不合理的要求，对提出那项要求的人来说，他可能不这么想。尽管如此，的确有些方法可用来回应不合理的要求，或是请对方再慎重考虑他们的要求。

当你碰到那份工作不是在你负责范围内时，你可以跟对方建议，那件事情最好找另一个承办人商谈，而不是直接说："那不是我的工作。"把人家硬生生地拒绝掉。我们必须清楚，出现问题了，应该解决问题，而不是再制造新的问题。

"某某是市场调查的专家，我相信他能给你更详尽的回答。你可以问问他！"

"因为我做的是活动规划，并不参与资料管理。让我想想你可以找谁。"

"制作宣传册不是我的特长，我只是个文字撰稿人，而且我也不熟悉美术设计。我想，你需要的是一个美编人员，我可以推荐一些人给你。”

这种方法之所以见效是因为，即使是有亲密关系的人，当拜托他做什么事，或者相反的要拒绝他什么事时，常拿“代替物”（当然，不仅仅限于物，还可以是人）来让对方承认你的心意。这时那“代替物”或许并没什么重要的意义，但在心理上，这种“补偿”则是非常奏效的方法。

有一个时期，市场上钢材特别紧张。有个专门经营成批钢材的公司生意非常兴隆。一天，公司经理的好朋友来找他，说急需一吨钢材，而且希望价格特别优惠，要求比市场上的批发价还低10%。公司经理因为过去的亲密友谊，实在无法毫不留情地加以拒绝，所以就巧妙地用补偿法来对付这位朋友。他对朋友说，本公司经营钢材是以千吨为单位的，无法拆开一吨来给他。不过，总不能让老朋友白跑一趟。所以他提议这位朋友去找一个专门经营小额钢材的公司。这家小公司和他们有业务往来。他可以给这家小公司打招呼，以最优惠的价格（毫无疑问，这一“最优惠”的含义是模糊语言。因为再优惠，也不会比市场批发价低10%）卖给他一吨。这位朋友虽然遭到了拒绝，但因为得到了“补偿”。所以拿着他写的条子，高高兴兴地去找那家小公司，最后以批发价买了一吨钢材。

以诸多有关说话技巧的著作出名的美国人际关系研究者戴尔·卡耐基介绍过这样的例子：他有一个朋友是到处争先邀请演

讲的学者，有一回无论如何也不能不拒绝一次来自有人情义理关系的演讲时，他采用了下面的方法。首先实话实说："很遗憾，我实在排不出时间来。"紧接着，推荐别的演讲者，也许还附带加上这么一句话："某某先生说不定是比我更适当的人选哩！"这种方法，至少有以下几个好处：

第一，因拒绝之后立即予以"补偿"，所以，本来因拒绝而必然产生的不满、失望的感觉获得补偿，把对方的关心导向那个代替物上面去。这时，如果能紧接着给予有关那代替物的确切情报，往往效果更佳。比如，要推荐演讲的代替者，则要告诉对方那代替者的通信地址、联系方式、他的优势与强项等，最好自己能当他的介绍人。

第二，不是有其他的意思而拒绝，显然始终保有协助的姿势，故能让对方认知这边的诚意。

第三，这表示受托的一方确实是有推卸不掉的事情，以致必须想方设法通过补偿来加以拒绝，所以，这种情况下说出"不"的理由更加有力。

而且，如果能说服对方，代替物比现在的要求能给对方更大的满足，则拒绝了现在的要求，反倒可以令对方高兴。这时要注意，即使要推荐代替者，也绝不可过于自卑。这一点非常重要。举个例子，王涛邀请陈一楠去参加一家婚庆公司的开业典礼，如果陈一楠这样说："我不是适当人选，某某某才是。"这种说法就非常有可能被对方误以为是别有用意。老道的说话者往往能够始终一贯强调："我有心协助，但实在是事非得已。"

值得一提的是，拒绝时除了可以提出替代建议，隔一段时间还要主动关心对方情况。有时候拒绝是一个漫长的过程，对方会不定时提出同样的要求。若能化被动为主动地关怀对方，并让对方了解自己的苦衷与立场，可以减少拒绝的尴尬与影响。当双方的情况都改善了，就有可能满足对方的要求。

先承后转，不伤人心

有时对方提出的要求并不是不合理，但因条件的限制无法予以满足。面对这种情况，拒绝的言辞可采用"先承后转"的形式，使其精神上得到一些宽慰，以减少因遭拒绝而产生的不愉快。例如，一家公司的经理对一家工厂的厂长说："让我们公司做你们的经销商，以我们的名气和你们的实力来打造一个全新的大品牌，你看怎么样？"厂长回答："这个设想很不错，只是目前条件还没有成熟。"厂长这样说既拒绝了对方，又给自己留了后路。

对对方的请求最好避免一开口就说"不行"，而是要表示理解、同情，然后再据实陈述无法接受的理由，获得对方的理解，令其自动放弃请求。

李毅和王静是大学同学，两人毕业后一直没有来往。一天，王静突然向李毅提出借钱的请求，李毅很犯难。李毅这几年做生意虽说挣了些钱，但也有不少外债。这次要是借吧，怕担风险；不借吧，同学一场，又不好拒绝。思忖再三，最后李毅说：“你在困难时找到我，是信任我、瞧得起我，但不巧的是我刚刚买了房子，手头一时没有积蓄。你先等几天，等我过几天结账了，一定借给你。”

有的时候对方可能会很急于事成而相求，但是你确实又没有时间、没有办法帮助他的时候，一定要考虑到对方的实际情况和他当时的心情，一定要避免让对方造成误会。

拒绝还可以从感情上先表示同情，然后再表明无能为力。

先扬后抑这种方法也可以说成是一种“先承后转”的方法，这也是一种力求避免正面表述，而采用间接拒绝他人的一种方法。先用肯定的口气去赞赏别人的一些想法和要求，然后再来表达你需要拒绝的原因，这样你就不会直接地去伤害对方的感情了，而且还能够使对方更容易接受你，同时也为你自己留一条退路。

一般情况来说，你还可以采用下面一些话来表达你的意见：“这真的是一个好主意，只可惜由于……我们不能马上采用它，等情况好了再说吧。”“这个主意太好了，但是如果只从眼下的这些条件来看，我们必须要放弃它，我想我们以后肯定是能够用到它的。”“我知道你是一个体谅朋友的人，你如果对我不十分信任，认为我没有能力做好这件事，那么你是不会找我的，但是我实在忙不过来了，下次如果有什么事情我一定会尽我的全力来支持你。”等诸如此类的话。

这样的表述虽然最后结果是拒绝别人，但因为赞扬和抬高了对方，对方不但不会生气，还会觉得你是个体贴的人。

借助对方的说法拒绝对方

借用对方的说法，可以封住对方的意图。即顺着对方的说法，先表现出尊重对方，使双方在宽松的气氛中交流沟通，然后，话锋一转，运用对方言谈中的内在逻辑，表达出自己的本意。子西便是运用这种方法让楚昭王消除了嫌隙，非常乐意地接受了自己的疏导，从而悔过自新。具体情节如下：

一天，楚昭王想要到荆台游玩。司马子期进谏说：“到荆台游玩，左有洞庭湖的波涛，右有彭蠡口的江水，南望是猎山，下临方淮河，在那里玩乐能使人忘却年龄忘却生死。过去国君去游玩，都因此亡国，希望大王不要前去游玩。”

楚昭王说：“荆台是我的地盘，有了这个山清水秀的地方就该去享乐，你为什么要阻止我去游玩呢？”昭王越说越气，令侍臣将司马子期痛打一顿。这时，令尹子西驾着四匹马拉的安车，径直来到宫殿前，对昭王说：“请大王上车，让我领您去荆台观赏。”楚昭王转怒为喜，上车后拍着子西的背赞扬道：“到荆台游玩，我与你共享乐趣。”

子西扬鞭驾车走了十来里路，突然勒住缰绳停了车，说：“我不能下车跪拜，只希望能说几句话，不知大王是否肯听。”昭王游兴未减，满口答应：“只管说吧！”

子西说：“我听说，做臣子忠于他君王的，以官爵俸禄来赏赐他是不够的，做臣子的阿谀他的君王，用刑罚来惩处他也是不够的。像司马子期这样的人是忠于君王的，像我这样的人是谀臣，请大王杀死我，惩罚我的家人，并给司马子期加赐俸禄。”

于是，楚昭王驱车返回了。

有一次，某公司想聘请工程师蒋宇，当时，蒋宇还有许多其他事情，所以，想把理由浓缩成“太忙”二字来拒绝这份工作。

没想到这个公司的经办职员一边点头一边听完了蒋宇拒绝的理由之后，这样对蒋宇说：“我知道您对这份工作感兴趣，所以我才拜托先生的呀。”听了这句话，蒋宇一时间居然不知所措了。心想，也许自己说的有兴趣的话被过分评价了，所以，只好再一次强调不行：“我虽然有兴趣，但实在是忙于别的工作脱不开身……”

没想到，他却这样回话：“正因为先生很忙，所以我才认为先生对这方面的工作很有心得，能很快办好。我们一向不去拜托那些并不忙碌的先生的。”这也许是一种巧妙的恭维话，但的确能让人失去反驳的依据。最终，蒋宇成功被说服，接下了那份工作。因为蒋宇实在找不出其他理由拒绝。

被人诟病的“自谦”与“自贱”集于一身，恰是启功先生的智慧之处。他要跟俗世保持距离，又不愿伤害别人，就使出了此招，委屈的是仁者自己。客气、和蔼、彬彬有礼，书里用一个词“谦己敬人”指代了。常“用敬”并不等于无是非，启功先生对粗野、蛮横、无礼的东西，冷不防一针扎将过去，直奔要害，常常令撒野者尴尬不已。一日，空军司令秘书替首长索字，言语轻佻霸道，启功先生缓缓问道：“如果我不写，你们首长不会派飞机来炸我吧？”秘书笑着回答说：“当然不会啊。”“那我就不写了！”夫子笑而罢笔。

启功先生有自己的拒绝法。77岁那年，应邀出席某会议。启功先生不能不去，去了又不能不说话，在众目睽睽之际，启功先生站起来，徐徐发声：“我没有别的本事，就给诸位敬个礼吧。”话毕，迅疾将手抬至眉额，算行了礼。未戴帽子的这个敬礼，自始至终不露媚色，一脸冷峻，令场内心有灵犀者肃然起敬。

第二次世界大战期间，日本的电影公司“大映”的社长永田雅一，当政府以战时体制为由要把原来的五家电影公司裁减成两家时，他加以反对，主张要留下三家。“政府承认营利法人。因为是营利法人，所以三家公司比两家公司在经营上更为有利，也有进步。”

在《帕尔斯警长》这部电视剧中，帕尔斯警长的妻子出于对帕尔斯的前程和人身安全考虑，企图说服帕尔斯中止调查一位大人物虐杀自己妻子的案子。最后她说：“帕尔斯，请听我这个做妻子的一次吧。”他却回答说：“是的，这话很有道理，尤其是我的妻子这样劝我，我更应该慎重考虑。可是你不要忘记了这个坏蛋亲手杀死了他的妻子！”

奥莉亚娜·法拉奇是意大利著名的女记者，也是当代最伟大的女性之一。她曾经成功地采访了基辛格、甘地、侯塞因、阿拉法特、西哈努克亲王等政府要人，而且深入无数战火纷飞的战场进行实地采访。20世纪60年代，美国进攻越南时，她在越南战场上出生入死，留下了许多著名的报道。

法拉奇称得上是真正的说话高手，在西方“法拉奇式的采访”受到许多人的崇拜。此外，她还是一名优秀的文学家，以《易子议》一书闻名于意大利文坛，但她最自豪的仍是她的高超说话术，这些成就使她荣冠“政治记者之母”的美名。她成功的秘诀在哪里呢？就在于她善于运用“精准攻心”的语言策略来对付各种被采访者的诡辩。她曾经说过：“我的秘诀是开门见山，然后给对方最致命的一击。”

霍梅尼是伊朗一位令人敬畏的领袖。法拉奇第一次采访霍梅尼时，见面的第一句话是：“我要告诉你，先生，你是伊朗的新沙皇。”在采访霍梅尼之前，为了尊重对方的宗教习俗，法拉奇不得不穿上伊朗妇女的传统装束，身披长纱，把全身包裹得像一个密实的大粽子。但法拉奇却一直认为，存在于服饰后面的不单是保持一种古老习俗的问题，而是关系到女性的政治地位问题，她内心对这种以宗教之名而行强迫之实的做法非常不满，但为了顺利采访到这位宗教领袖，她还是穿上了这种服装。

霍梅尼被这位泼辣的女记者的第一句话给击中了要害，内心恼怒不已，但法拉奇装出满不在乎的样子继续说：“先生，我被人强迫穿上这身衣服来见你，你明白强迫的含义吗？请你告诉我，你为什么强迫那些妇女遮掩自己，把丰满的躯体隐藏在既不舒服也不漂亮的服装里，让妇女们无论工作或是行走都极不方便？在你的国家，妇女和男子是平等的，她们和男子一样参加战争、受训、坐牢、工作、革命，但为何待遇却是如此不平等？”

霍梅尼是高高在上的人物，何曾让人当面责备过。而法拉奇的谈话策略又相当高明，一见面就迅速出击，可以从服饰深入到人权和尊严等话题。霍梅尼被她的语言攻击逼急了，以致说话毫无章法可循，他平时傲视一切的作风不见了，取而代之的是语气有些偏激的怒气：“法拉奇小姐，你必须记住这样的事实：对革命有贡献的妇人，无论过去还是现在，都是那些穿着伊斯兰服装的女人，而不是像你这般装束的怪女人，涂脂抹粉毫不遮掩地到处招摇，像只蝴蝶般，引来一大群心怀不轨的男人尾随在后。你要知道，在大街当众展现自己脸蛋和身材的女人是不会和国家并肩作战的，她们只知道安逸享乐，从来不懂得为国家分忧。她们不知自爱，用自己的身体把男人迷得神魂颠倒、心猿意马，甚至于姐妹之间还为男人争风吃醋破坏情谊。”

法拉奇立刻抓住对方谈话中的“弱点”所在，对方不从正面与她讨论人权的问题，而将她的注意力引向别的论点上，因此她毫不示弱地反驳说："这不是事实。我并非单指衣服，而是指它所代表的意义，也就是妇女们被歧视的现状。革命以后的妇女们，只能再回到那顶'破帐篷'里过生活，她们不能到大学里深造，也不能到海滩上享受阳光，她们如果要游泳，也必须从另一处照不到阳光的地方下水，并且还要披上长纱，如果是你，披着一件长纱能否畅快地游泳呢？"

霍梅尼忍不住气恼地说："这不关你的事情，这是我们的风俗，如果你不喜欢伊斯兰教的服装，你没有必要穿上它，因为伊斯兰服装是替贤淑的妇女准备的。"

法拉奇马上站起来说："谢谢你的提议，既然得到你的首肯，我现在就要脱下这身可笑的、中世纪的、呆板的粗布……"

法拉奇不愧是"政治记者之母"，当她单刀直入地攻进对方的"心理弱点"时，霍梅尼已经处于下风，只有千方百计地诡辩，不但只讲衣服本身，不涉及政治问题，又乱无章法地说女性现代服装是如何没有道理，结果反被法拉奇一击而倒，最后在访谈中尝到败北的滋味。

上述均是借用对方的逻辑说法，坚持自己反对意见的例子。

明快的拒绝令人不再纠缠

在人际交流沟通过程中，遇到你必须拒绝的事情，而你又不愿伤害对方的感情，这时你可以寻找一些托词。比如说：“对不起，我实在决定不了，我必须与其他人商量一下。”“待我向领导汇报后再答复你吧。”“让我们暂且把这个问题放一放，先讨论其他问题吧。”

上述办法虽然可以摆脱窘境，既可不伤害对方的感情，又可使对方知道你有难处。但是，这种办法总有点儿不干脆。因为，这样虽一时能敷衍过去，但对方以后还可能再来纠缠你。总有一天，当他发觉这就是你的拒绝，明白你以前所有的话都是托词，于是他就会对你产生很坏的印象。所以，有时不如干脆一点儿，坦白一点儿，毫不含糊地拒绝。

有些人觉得不便拒绝，随便找些不值一驳的理由来暂时搪塞对方，以求得一时的解脱。这并不是一个明智的方法，因为对方仍可以找理由跟你纠缠下去，直到你答应为止。比如，你不想答应帮他做事，推说：“今天没有时间。”他就会说：“没有关系，你明天再帮我做好了，事情就拜托你了。”又如，你不想要对方想转让给你的一部旧手机，你推说：“钱不够。”对方可能会说：“钱以后再说。”就把你轻易应付过去了。或者你不愿意跟对方跳舞，推说：“我跳不好。”那么他一定会说：“没关系，我慢慢带着你跳。”

如果你寻求一些经不起反驳的小小谎言，一旦对方实施进一步的“攻击”，便会让你有所慌乱，这种情况下，你说“不”的意志便很难得到贯彻了。因此，应付这种情况，你倒不如直截了当地用较单纯的理由明确地告诉对方：

“你托办的这件事办不到，请原谅。”

“这件衣服的颜色我不喜欢，很抱歉。”

“我已经另约了舞伴，不能跟你跳，对不起。”

“……”

上述拒绝之语虽说显得生硬些，但理由单纯明快，不给对方可乘之机，能免除后患。

去年圣诞节，董思杰对女友说：“公司有事，必须加班，晚上不能陪你过圣诞节了。”女友虽然不悦，但仍旧抱着理解的态度，一个人在家看电视、吃快餐，自己度过圣诞节的夜晚。

但是没过几天，好友却告诉她，她在圣诞节那天，看见董思杰和另外一个女孩在某家高级餐厅共进晚餐。董思杰的女友听了之后愤怒不已，便回去质问董思杰。董思杰见事情隐瞒不住，便只好和盘托出。原来那个和董思杰共进晚餐的女孩是他的前女友，因为她在感情方面受了点儿挫折，所以请董思杰陪她吃顿饭。因为当初是董思杰先提出分手的，所以心存愧疚的董思杰便没有拒绝前女友的要求。不过为了不让现任女友吃醋，便只好借口加班。

虽然董思杰如实交代，可是女友还是因此愤愤不平，不仅大闹不休，而且差点儿和董思杰分手。虽然他俩的感情最终被董思杰挽救回来，可是造成的裂缝，却不是短时间内能抚平的。

你遇到的诸多问题，许多都不是单凭自己的力量就能解决的。既然如此，不妨让自己和别人把思路放开，不要拘泥于一条看不到希望的道路。

需要特别提醒的是，有些人虽然不会为自己的拒绝说出一连串冠冕堂皇的理由，但他们会为了抚慰对方“受伤的小心灵”，往往在拒绝之后，附带一大堆安慰的话，其实，这无异于画蛇添足。解释也不用过多，稍微表示一下歉意即可。倘若安慰的话语过多，反倒有可能给对方制造可乘之机，使你更难以拒绝。为避免这样的后果，你应该以“不喜欢”“办不到”“不方便”等单纯的话语坚持到底，才能取得预期的效果！

运用赞美法达到拒绝目的

南朝齐代有位书法家叫王僧虔，写得一手绝好的隶书，但是当朝皇上齐高帝萧道成也是一个翰墨高手，他要和王僧虔比个高低，两人都写完了一幅字。

高帝问王僧虔：“谁为第一？”

如果是一般的大臣，当然会立即奉承皇上说：“臣不如也。”但王僧虔却是一副傲骨，明明自己的书法高于皇帝，为什么要违心地回答呢？这位才思敏捷的书法家竟说出一句千古流传的绝妙答词：

“臣书，臣中第一；陛下书，帝中第一。”

齐高帝，即萧道成（427 年—482 年），南齐开国皇帝，479—482 年在位。

王僧虔巧妙地把臣与帝的书法比赛分为“臣组”与“帝组”加以评比，通过赞美皇帝的书法在帝王中首屈一指，既满足了高帝的“冠军欲”，又维护了自己的荣誉和品格。皇上听了，也只能哈哈一笑而已。

王僧虔在这里“巧妙区分”，运用赞美使自己回答得委婉圆转，皇上明明知道王僧虔是有意规避难题，但也无话可说。

某公司有位专家，因事向领导请一星期的假。可领导只给他三天假。

领导说：“你是个能干的专家，别人需要七天办的事，你三天就能办妥。”

专家只好垂头丧气地走出办公室。

专家如果反驳领导的话，就等于间接地否认了自己的能力。领导这种说“不”技巧的高妙之处就在于，如果对方不接受你的拒绝，那就是承认自己不行。试问，天底下又有几个人愿意承认自己不如别人呢！

妻子：“亲爱的，格林夫人买了一顶帽子，真好看！”

丈夫：“如果她像你这么漂亮就不用买帽子了。”

这个聪明的丈夫通过夸赞妻子的美貌，巧妙地达到了拒绝目的，既讨好了妻子又不需要破财，一举两得。

别不好意思，该拒绝时就拒绝

你的善良必须带点锋芒

有时你真心待人，对方却不真心待你，这让你感到很生气。所以要不时告诫自己什么人值得交往，什么人你得提防他。

这是一家广告公司。张峰比周明晚来公司半年，和周明同属一个部门，只是分在了不同的小组。张峰平时总是憨憨地笑着，偶尔也和同事们开玩笑。他在部门里算最年长的——35岁。

现在广告公司的人员都趋向年轻化，公司改组，请走了好几位年过三十的“老朽”。没想到，张峰平时不显山不露水，现在倒成了周明的领导了。

周明对张峰是有些好感，觉得他挺朴实的。况且，他是来自农村的人，能够到北京发展，并且到这家比较有实力的公司，他的阅历肯定丰富。除了憨，他的节俭也给同事们留下了很深的印象……

很多时候周明感觉工作上一定要跟对人，这次改组成了张峰的下属，周明挺满足的：有张峰的关照应该不会吃亏。

接着公司有了一个很大的项目，小组成员都会拿出自己的方案，最后择优选用。偏偏新官上任的张峰迟迟不开会商讨。这是怎么回事？急性子的周明找到了张峰，他的回答是：“公司刚改组，开始不会好做的，这次的策划由我自己来做。”

周明无话可说了。按照公司的规定，只有参与了策划才有钱挣，好点子会有额外奖金。成功的策划是可以名利双收的，张峰此举显然有他的意图。

几次事后，周明发现张峰实际上很有心计，会取巧。他的策划有很多是从别人那里信手拈来的，改头换面推出去。他还会把大家的好点子融合在一起，变为自己的创意。

不久，一件事情让周明彻底认识了张峰的为人。

那次周明出差三天回来，发现应由周明做的好几个方案都由张峰接手了，周明的创意，张峰的署名，并且有一个方案受到客户的赞许，老总发给张峰为数不少的奖金。

周明愤怒了，找到张峰，周明还没有开口，张峰就歉疚地对周明解释，说客户要得太紧，实在没办法，本来只是想拿周明的策划书应付一下，想不到客户很是满意，只好做了出来。还说他跟老板说过了，奖金分文不要。

话说到这，不好再说什么，工作上的摩擦在所难免，况且他是周明的直接上司，只要客户满意……

想不到过了两天，张峰走了！是因为那份赢得奖金的策划书，另一家公司把他挖走了。他把周明的客户也带走了，还有公司的好多客户……他走得实在是太突然了，公司为此一下子陷入低谷。

后来周明明白了，因为张峰遭遇过贫穷、艰辛，所以向往成功，也更要不择手段。一个从小地方来的人，能在大城市扎根，本身说明他很不简单。

这件事给周明的教训是，有些人是很可怕的，可怕的人在别人不知道他潜在的内心，他可能在向你微笑时，从背后戳上一刀。所以对于面似忠厚的人，在没有了解他的真面目之前，得防着他一些。

从某种意义上说，善良是友谊的桥梁，更应该是一种手段和心态，而不应该成为你价值观的桎梏。因此我们要宣言善良、普及善良，却要防止善良僵化你的头脑思维模式。

别被朋友关系"绑架"

某年夏天，家住北京的李先生准备利用周末开车到石家庄办事，因为途中要经过保定，所以他老婆的"闺中密友"请他帮忙将一份北京特产——新鲜的烤鸭带到保定某小区的亲戚家中。不过，这件事却让李先生很为难：虽然要途经保定，可是原定计划是从保定外围经过，况且他对保定的市区道路并不熟悉，因此他并不赞成接受这个请托。不过李太太却认为，既然大家都是多年的好友，以前对方也没亏待过自己，这样一件小事都要拒绝，实在不好，于是没想太多便一口答应下来。

既然老婆大人都已经答应人家了，李先生虽然觉得非常不方便，也只好照办。到了保定，虽然他很快就跟老婆的"闺中密友"的亲戚联系上了，可是由于实在不熟悉当地道路，在市中心绕了大半天才终于把特产送到对方家中。遗憾的是，由于在车里闷得太久，烤鸭已经变质，弄得对方心里很不愉快。更惨的是，因为在路上耽搁太久，到达石家庄的时候，和李先生约好的人因为有事也已去外地出差。不得已，李先生只好在石家庄多待了几天才将自己的事情处理妥当。

本是好心帮忙，结果却事与愿违，这显然是两边不讨好。但是这是李太太在接受“闺中密友”的请求时，就已经注定了的结果。因为这个忙，实在不适合去帮。李先生这种“好心没好报”的遭遇，在日常生活中很是常见。要避免类似的情况发生，方法其实很简单，就是有技巧地拒绝。

很多人不好意思拒绝朋友，他们过分在意朋友对自己的评价。实际上，真正的友谊不会因为你的一次拒绝就破裂。所以要调整好自己的心态，该拒绝时就拒绝，该说“不”时就说“不”。

马燕和同事陈述的交情非常好，两人经常一起吃饭、逛街，好到情同姐妹一般，就连同事也经常开玩笑地说她们是“连体婴”，几乎做什么事都要在一起。

工作5年后，马燕的业绩和能力得到上司的肯定，被晋升为设计部主任。为了庆祝升职，马燕决定在周末邀请几位关系特别好的朋友，到家中举行烧烤聚会，陈述自然是第一个被邀请的人。

对于马燕的升职，陈述当然非常高兴，虽然自己没能得到上司的青睐，有些遗憾，不过她清楚马燕为人诚恳，工作积极努力，业务能力也比自己略强一些，无论从哪个方面来说，马燕的升职都让自己心服口服，这次聚会，她理应欣然前往。但问题在于聚会那天，陈述已经有了重要安排，是一个慈善舞会，届时将有她最崇拜的明星到场。为了能够参加这次舞会，她可是耗费了不少精力。

陈述本想拒绝马燕的邀请，然而，话到嘴边又硬生生吞了回去。因为她突然想到，如果自己不去赴约，会不会让马燕觉得自己是因为她的升职而感到不满？更何况两人是那么好的朋友，如果不去捧场，似乎太不给马燕面子了。于是再三权衡后，陈述答应了朋友的邀约，放弃了自己期盼已久的舞会。

聚会当天，大家都玩得很开心，除了陈述。她满脑子都是舞会的事：那位明星来了没有？他会穿什么服装？如果自己在场，是不是能跟他近距离地交流……马燕看出了陈述的心不在焉和郁郁寡欢。当然，她并不知道陈述心里在想什么，只是觉得她似乎很不情愿参加这场聚会。作为自己最要好的朋友，在庆祝升职的聚会里，居然让自己这么没面子，极大地伤害了马燕的自尊心。

“如果你是对我的晋升感到不满，为什么第一时间还表现出一副很高兴的样子？”聚会结束后，马燕生气地质问陈述。而此时陈述心中也积聚了极度的郁闷：自己为了朋友放弃期待已久的舞会，最后竟然还遭受到好友的指责，这太不公平了。没说到三句话，两人竟大吵了起来。因而这次聚会之后，马燕和陈述的友情也宣告破裂。

为了“尊重”朋友，陈述牺牲了梦寐以求的舞会，接受了对方的邀约，但结果却事与愿违，不仅没让对方感到高兴，反而使得多年友谊毁于一旦。假设当初她明白地告诉马燕自己不能参加她的聚会，并且把原因委婉地说出来，事情就变得简单多了。有时候，拒绝对方其实才是真的尊重对方。

不妨采取以下策略拒绝朋友的求助。首先态度要温和。尽管说“不”是自己的权利，但仍需先说“非常抱歉”或者说“真是对不起”。然后再详细陈述自己不能“帮忙”的各种理由。这样，朋友在感情上就能接受，从而避免一些负面影响。切忌立刻说“不”，否则会让对方觉得你并不重视他，容易引起对方的反感，甚至反目成仇，最终演变成“老死不相往来”的结局。其次，一定要让朋友在感情上体会到，你拒绝的是这件“事”，而不是他这个“人”，这样可以使朋友感觉这件“事情”虽然被拒绝了，而他和你还是要好的朋友。

倘若对方请求帮助之事的确思考不周，你还可以耐心地、实事求是地给其分析这件事办与不办的利弊，让朋友自己得出“暂时不办此事”的结论。

莫让承诺成为一种负累

有时候我们为了热情、乐于助人、讲义气等美名，就不会拒绝别人的要求，结果做到了还好，做不到又拼命努力去做，有时甚至不惜撒谎和欺骗，最后把自己弄得疲惫不堪。所以说，不会拒绝别人的要求，永远说“没问题”，并不会让你快乐，反而会给你带来很多的压力。

你会被过多的责任或工作纠缠，既沮丧又疲惫。因为经常对别人做出承诺，我们会觉得自己是个牺牲者，有太多事要做而无法休息，或者因为我们拒绝别人的请求会产生内疚感，所以我们总是陷入进退维谷的状态。

当你应该拒绝的时候你没有说不，本身就是不太诚实的表现。换句话说，你所做的事是你并不想做或不该做的事——但是你还是做了，至少在表面上，你把一切都办好了，譬如说你的同事要跟你换休假日，你说：“好！没关系。”但实际上，你非常需要休息。

想想看，我们对别人所做的承诺有时甚至根本算不上是承诺，那更像是有点儿下意识的说法。例如“今天晚上我给你打电话”“我会给你写信的”“有什么事，尽管来找我”以及听起来很无辜的话：“没问题”。这些诸如此类的，或者是不好意思拒绝的承诺都可能给你带来烦恼，因为这些承诺，你可能必须强迫自己去兑现，而事实上你却根本不想去做。结果对方将会对你提出更多的要求，因为是你说没问题的。到时候你又怪别人不体谅你的难处。何必？

当然，有些承诺是很必要的，但我们所做的承诺中，有一定的比率是当初不应该做出的承诺，如果我们当初没有做出这些承诺，你也就不会有必须信守承诺的压力。譬如你常跟你的出版公司说：“我答应你××时间交稿。”但是他们要的并不是承诺，而是你写好的文章。而你既然做出了承诺，就只好想尽办法做到。如果你没做这个承诺，尽力而为，就不会有这么大的压力了。

所以，要减轻或解除过多的承诺所带来的压力，就要学会每次对别人提出的要求进行评估，然后再确定自己回应什么，比如别人让你帮他打一篇文件，你可以答应帮他打，或要建议他请有空余时间的同事帮他打。有时做承诺是必须的，有时候却是不必要的。

摆脱不良诱惑的干扰

现实中的种种诱惑，大致可分为美好的诱惑（比如接受赞赏与奖金的诱惑）和不良的诱惑（比如金钱的诱惑、游戏机的诱惑、黄赌毒的诱惑）。成功与荣誉、鲜花与掌声，对每个人都具有一定的诱惑性，这是一种美好的诱惑，也是我们积极要求进步的重要表现。然而，没有艰辛的付出，就难以产生成功的回报。面对美好的诱惑，我们必须通过正当途径和脚踏实地的努力来获取。而对于不良诱惑和伤害，我们要识别，要抵制，要勇敢地说“不”！

传说古希腊有一个海峡女巫，她用自己的歌声诱惑所有经过这里的船只，使它们触礁沉没。智勇双全的奥德赛船长勇敢地接受了横渡海峡的任务。为了抵御女巫的歌声，他想出了一个办法：让船员把自己紧紧地绑在桅杆上，这样，即使他听到歌声也无法指挥水手；让所有的船员把耳朵堵上，使他们听不到女巫的歌声。结果，船只顺利地渡过了海峡。

这个故事启示我们，虽然世间被不良诱惑充斥，但不良诱惑并非是不能战胜的。聪明之人总能结合自己的实际，用科学的态度、坚强的意志、清醒的头脑和正确的方法，摆脱不良诱惑的干扰，避免其对自己的危害，坚定地远离不良诱惑。

心理学家曾做过一个试验。他发给儿童一些精美的糖果，并告诉他们：谁能在他回来之前不吃糖果，将会得到更多的糖果。之后，他躲在屋外观察。开始，几乎所有的儿童都不去吃糖果；过了一会儿，有几个按捺不住的儿童吃掉了糖果；在这些儿童的带动下，又有一部分儿童吃了糖果；最后，只有少数几个儿童能等到他回来。研究人员对参加实验的儿童做了长时间的跟踪调查研究，结果发现，那几个经得起诱惑的儿童，成年后，在事业上都取得了成功。也就是说，对眼前的不良诱惑，敢于说“不”的人，才有可能在多方面取得成功。

东汉人杨震是一位颇得百姓称赞的清官。他做过荆州刺史，后调任为东莱太守。当他去东莱上任的时候，路过冒邑。冒邑县令王密是他在荆州刺史任内荐举的官员，听到杨震到来，晚上悄悄去拜访杨震，并带十斤黄金作为礼物。

王密送这样的重礼，一是对杨震过去的荐举表示感谢；二是想通过贿赂请这位老上司以后再多加关照。可是杨震当场拒绝了这份礼物，说："故人知君，君不知故人，何也？"王密以为杨震假装客气，便说："幕夜无知者。"意思是说晚上又有谁能知道呢？杨震立即生气了，说："天知、地知、你知、我知，怎说无知？"王密非常羞愧，只得带着礼物，狼狈而回。

成功企业家马云声称，阿里巴巴网站在上市前，他们对认购的预期是400亿港元，没想到，在第一站香港路演后就募集到360亿港元，随即新加坡后达到600亿港元，走到纽约已经募集到1800亿港元。"我们最初预定的发行价是12港元，人家看到这么好的路演情况，说发行24港元都可以！每股多一元就多10亿港元啊！我们若将发行价提高到24港元就会比预期多出120亿港元！这是多好的发财机会！"马云当晚召集团队开会，告诉他们，人要在诱惑面前学会说"不"，贪婪一定会付出代价，最后把发行价定在13.5港元。

总之，在色彩纷呈的大千世界中，不学会拒绝身边的不良诱惑是不行的。对待金钱，我们一定要取之有道，像杨震和马云等人一样通过自己的合法劳动和正当途径来获取，绝不能贪污受贿或沾染其他不良行为习惯。

面对抉择也要守住底线

在现实生活中，人们都不大喜欢被人拒绝，但这并不意味着我们要去一味曲意逢迎他人。如果对方是聪明人，你在该拒绝的时候拒绝，往往会产生一种皆大欢喜的局面。

刘毅是西晋时的司隶校尉，生性刚毅，不管是太子、皇戚，还是皇帝本人，只要有过失，都敢于说“不”。

晋武帝司马炎统一天下后，生活更加奢侈腐化。首先为祖宗修建了一座富丽堂皇的太庙，然后又大兴土木，为自己修建了一座豪华的宫殿。本来后宫已经有好几千名美女，但是他还不满足，又下令让人搜罗美女5 000多名，专供他玩乐。晋武帝整天过着荒淫无耻、纵情享受的生活。

晋武帝除了向老百姓横征暴敛、搜刮钱财以外，还学东汉时期汉桓帝、汉灵帝的办法，公开标价卖官。有钱的人只要花一笔钱，就可以买到一个官做。花钱少买小官做，花钱多买大官做。不过桓帝、灵帝卖官所得的钱都归国库，而晋武帝卖官所得的钱却仅供他个人挥霍浪费。晋武帝这样腐败，许多大臣看在眼里，可是畏于皇帝的权势，都不敢吭声。刘毅任司隶校尉，常跟随晋武帝参加一些活动。

太康三年正月初一，晋武帝率领百官到南郊祭天，刘毅也跟随前往。祭祀完毕，晋武帝忽然慨叹一声，问站在身旁的刘毅：“我可以比得上汉朝的哪一个皇帝？”刘毅不假思索，便直截了当地回答说：“我看陛下跟东汉的桓、灵两帝差不多。”（汉桓帝和汉灵帝是东汉时期两个最贪淫的皇帝。）晋武帝满心希望刘毅把他比作汉高祖和汉武帝，因此很不高兴地说：“哪儿至于这样呢？我虽比不上古代的圣人，可是我平定了东吴，统一了天下，一心想做个贤明的君主，你这样比，未免太过分了吧？”

刘毅毫不客气地答道：“汉桓帝和汉灵帝卖官爵所得的钱都交入国库，而陛下你卖官爵所得的钱却装进自己的私库，从这一点讲，我看还比不上汉桓帝和汉灵帝呢！”晋武帝闻听此言，再无话反驳，只得自我解嘲地说：“桓、灵两帝在世时，他们听不到这样的话，现在我有这样正直敢言的大臣，能够当面听到这样尖锐的批评。由此可见，我同桓、灵两帝是不同的。”史料记载，刘毅在对“上司”的言行举止说“不”之后，依然得到不断晋升，以至于后来晋武帝还用“赐钱30万，月给米肉”来奖赏刘毅。

不难看出，对于他人的行为举止、态度或建议不予认同的时候，要敢于拒绝，不怕穿“小鞋”。记住，对他人有帮助地说“不”，可以达到一种皆大欢喜的结局。更通俗地说，即你虽然拒绝了对方，但却在其他方面为其提供了一些帮助，这是一种有智慧的拒绝。

警惕鲜花后面的陷阱

很多人在逆境中往往能够保持冷静，而在顺境和成功面前，却容易迷失自己，甚至不知不觉陷入鲜花的陷阱。

王先生是一家银行某分行的行长，有一次他到某市参加了一个“特殊”的培训班，事后讲起这次培训经历，他感触非常深。

原来他们是去该市的一所监狱里听课，而给他们上课的，是一些因为经济问题而身陷牢狱的银行领导。他们的犯罪历程几乎如出一辙：因为手中握有权力，经常受到追捧，慢慢地迷失了自己，最终走上了犯罪的道路。

他们的现身说法，让王先生触动很大，他感慨地说：“越是成功的时候，越应该保持清醒，鲜花背后往往隐藏着陷阱。”

对于任何一个职场人士来说，要想获得长远的发展，在取得成绩、获得成功的时候，必须保持空杯心态，时时倒掉那些骄傲自满的情绪。

1961年4月12日，苏联宇航员尤里·加加林乘坐东方1号航天器，绕地球飞行108分钟后返航，成为人类进入太空的第一人。加加林因此成为了超级明星，走到哪里都被光环笼罩着。

在鲜花和掌声的包围下，加加林不免有些飘飘然，甚至开始无视交通法规，经常开快车闯红灯。有一天，他又闯了红灯，还撞翻了另一辆汽车，万幸的是，他和另一辆车的司机都只受了轻伤。

这本来是加加林的责任，但交警一眼就认出了他，于是连忙举手行礼，并表示要“追究肇事者的责任”。

而对方是一位退休的长者，他虽然受了伤，但看见面前站着的是加加林，也赔起了笑脸。随后，警察拦下一辆过路汽车，嘱咐司机将加加林安全送到目的地，下一步则准备将全部责任记在老人身上。

尽管加加林坐上了车子，但老人的苦笑和受伤后的表情却一直在他脑海中挥之不去。这一刻，加加林的淳朴本性复苏了，他让司机迅速开回出事地点，向警察和老人诚恳地认了错，并帮助老人修好了汽车，承担了全部费用。

加加林的故事给了我们很大启示：只要你有地位，就有人来讨好你，将鲜花、掌声给予你，甚至给予你种种特权。如果自己看不到这些东西后面的陷阱，哪天就有可能出现想象不到的问题甚至灾难。

开始时，加加林在光环面前有些迷失，但值得庆幸的是，他最终明白：光环荣耀并不代表自己可以高高在上，拥有特权，否则，自己在大众心中高大形象总有一天会倒塌。

所以很多表面看似好的东西，未必就真的好，也可能是糖衣炮弹或甜蜜的陷阱。如果不懂得主动空杯，就会迷失方向。这样的例子在现实生活中有很多，比如一些领导干部风光之后却沦为囚徒。

为什么会这样呢？究其原因，不外乎是在他人的追捧下，在鲜花和掌声中降低甚至丧失了拒腐防变的能力。

因此，在成功时，在鲜花面前，不妨淡然一点儿，多一点儿脚踏实地，少一点儿飘飘然。

要居安思危，不要“自以为是”。

孟子曾经说过：“生于忧患，死于安乐。”

也就是说，居安思危，才能再接再厉，达到事业的高峰。对于职场人士来说，这一点尤为重要，千万不要“自以为是”，否则就可能摔大跟头。

日本著名的索尼公司，其业绩一直处在行业前列。可就在2007年，索尼的营业净利大幅度萎缩，被同行的三星公司、苹果公司大大赶超。

这个消息让大家吃惊不已，到底是什么原因，使得索尼突然间由高峰跌了下来呢？

其中很重要的一点在于索尼太习惯成功了，总认为自己的技术是“最”好的。正是这个“最”字，给索尼埋下了隐患。

索尼前任CEO出井伸之曾经带领公司凭借一流的技术、出色的管理，在本行业内遥遥领先。

此后很多年，“索尼”“出井伸之”似乎成了“成功”“一流”“卓越”的代名词。

这样一来，公司的管理者们也觉得自己的公司有“最”好的技术，有“最”好的管理，有“最”好的经营模式，可以在市场中牢牢站稳脚跟。

这期间发生了这样一件事：一次市场调查结果显示，索尼的一款电视机和松下公司的一款电视机相比，消费者更青睐于后者。

这本来给索尼提了一个很好的醒，可惜这并没有引起索尼领导者的重视，他们仍然认为自己的电视机是“最”好的，是未来市场的引领者。

这样的结果使得索尼丢失了很大的市场份额，造成了巨大的损失。

对此，索尼集团执行副总裁井原胜美进行了反省，她说：“也许我们是太过成功了，这让我们看不到危机。”

井原胜美的话道出了索尼失去行业领头地位的关键。因为领导者不懂得居安思危，认为过去是最好的，就永远都是最好的，结果导致了今天的结果。

成功的时候，我们往往自恃很高，看不到自己的缺点，也看不到别人的长处，只有等到危机来临时，才发现自己错过了太多。

而真正优秀的人，总能把每一次成功看成新的开始，即使很能干，有功在身，但他们却能倒空功名，将眼光和心思放在未来，放在有可能出现的危机上。

反操纵，不能说的就不说

上帝只给了我们一个嘴巴，却给了我们两个耳朵，就是为了让我们多听少说。有时候一句话说不好，不仅会招人厌恶，搞不好还带来大祸。有时候话说多了，露出了自己的马脚或者底线，就很容易被对方抓到把柄，甚至威胁到自己的利益。如果想好好保护自己，最好的办法就是让别人没办法操纵你。

可是我们身边有许多人都有这样一个毛病：肚子里搁不住心事，有一点点喜怒哀乐之事，就总想找个人谈谈；更有甚者，不分时间、对象、场合，见什么人都把心事往外掏。其实这也没有什么不对，好的东西要与人分享，坏的东西当然不能让它沉积在心里，要说可以，但不能“随便”说，因为你对每个倾诉对象都是不一样的，说心里话的时候一定要多留个心眼，该说则说，不该说千万别说。

和人初次见面，或才见过几次面，就算你觉得这个人不错，而你也喜欢他，也不该把你的心一下子就掏出来。我们主张不那么老实做人，意思是：对还不了解的人，无论说话或做事，都要有所保留，不可一厢情愿。告诉你不要一下子就把心掏出来，是因为人性复杂，你若一下子就把心掏出来给对方，用心和他交往，那么就有可能受伤。

林丽是部队的一名文书，连队的几个干部都比较喜欢她，也愿意与她交谈，或让她替他们办一些私事。尤其是连队的副指导员，对她非常信任，有时把连队领导之间的一些事情也讲给她听。

她们连队有几十个女兵，个别女兵为了入党或考军校就想方设法接近部队教官，副指导员对此十分反感，曾经对林丽埋怨过不少。埋怨时间长了，林丽觉得非常苦闷，因为副指导员倒是有了倾诉对象，可是她自己呢？因为这些事情很敏感，她不知道向谁倾诉。后来在一次聊天中，林丽把这些事情跟一个十分要好的朋友说了。把秘密和别人一起分享，心理的压力轻松多了。没想到，她的那位好朋友为了让连队党支部推荐上军校，就把她的话一五一十地告诉了副指导员，肯定还添油加醋说了一番。后来她这位朋友如愿以偿地上了军校，而林丽则在副指导员找她做了一番貌似肯定实则否定的谈话以后，离开了文书岗位。

“交浅而言深，既为君子所忌，亦为小人所薄。”关键时刻，那些你曾经的失言、多言，很可能成为对方操纵你的秘密武器，给你重重一击，让你在竞争中失败。

聪明的人在交谈时，会掌握好透露秘密的分寸，也会知道哪些话该说，哪些话不该说。说无关紧要的心事给周围的人听，可以让你变得有亲和力；知道把握分寸，守住自己和别人的秘密则会让你更加受到人们的欢迎。

不能说的就不要说，拒绝对方的要求，以避免造成不必要的麻烦。省一句话，就省下多少事儿。不仅工作中严肃的事情不能轻易泄露，生活中也是如此。谁没有心事呢？可是千万别轻易将自己的所想所思告诉别人。处理心事要慎重，因为心事的倾吐会泄露一个人的脆弱面，这脆弱面会让人改变对你的印象，虽然有的人欣赏你“坦诚”“真实”的一面，但有的人却会因此而下意识地看不起你，最糟糕的是脆弱面被别人掌握住，有可能成为日后被操纵的致命伤。

当然，我们并不是要以恶毒的心思去揣测别人，只是如果能少让人掌握自己的弱点也是明智之举。有些心事带有危险性与机密性，例如你在工作上承担的压力，你对某人的不满与批评，当你快乐地向别人倾吐这些心事时，有可能什么时候就被人拿来当成反驳你的武器，你是怎么吃亏的，连你自己都不知道。那么，对好朋友应该可以说说心事吧？也不是。毕竟，朋友之间也是“距离产生美”。真诚也要有个度，这个度就是既对别人真诚，也要对自己尊重。

把心掏出来，这代表你的真诚和热情，但是你把心掏出来，他也把心掏出来的人不太多，而且也有掏的是假心的人。若这种人又别有居心，刚好利用了你的弱点，好比薄情郎对痴情女一般，那么你的日子就不好过了。而会玩手段的人，更可以因此把你玩弄于股掌之中。你并不想因此被人操纵吧？

不会拒绝，你还敢拼职场

在工作中学会拒绝

在工作中每个人都有自己的任务，虽然帮助同事是种好的品质，但若妨碍了自己的工作则应该学会拒绝。

当然，拒绝他人不是件容易的事，需要一些技巧。例如，拒绝接受不善体谅他人而又十分苛刻的上司的要求，通常都被视为不可能的事。但是，有些老练的时间管理者却深谙回拒方法，经常将来自上司的原已过多的工作，按轻重缓急编排办事优先次序表，当上司提出额外的工作要求时，即展示该优先次序表，让上司决定最新的工作要求在该优先次序表中的恰当位置。这种做法具有三个好处：第一，让上司做主裁决，表示对上司的尊重。第二，行事优先次序表既已排满，则任何额外的工作要求都可能令原有的一部分工作无法按原定计划完成，因此除非新的工作要求具高度重要性，否则上司将不得不撤销它或找他人代理。就算新的工作要求具有高度重要性，上司也不得不撤销或延缓一部分原已指派的工作，以使新的工作要求能被办理。第三，部属若采取这种拒绝方式，可避免上司误会他在推卸责任。因此，这是一种极为有效的拒绝方式。

下列九项有关拒绝接受请托的要领，可供参考：

（1）要耐心倾听请托者所提出的要求。即使你已知道这个请求非加以拒绝不可，你都必须凝神听完他的话语。这样做，为的是确切地了解请托的内涵，以及对请托者的尊重；

（2）拒绝接受请托时，你在表情上应和颜悦色。最好多谢请托者能想到你，并略表歉意。切忌过分地表达歉意，以免令对方以为你不够诚挚——因为你如果真的感到那样严重的过意不去，那么你将会设法接受他的请托而不会加以拒绝；

（3）拒绝接受请托的时候，应显示你对请托者的请托已给予庄重的考虑，并显示你已充分了解到这种请托对请托者的重要性；

（4）拒绝接受请托者，你最好能对请托者指出拒绝的理由。这样做，将有助于维持你跟请托者原有的关系。但这并不意味着对所有的请托拒绝都必须附以理由。有时不申诉理由反而会显得真诚。例如你偶而对频频请托的人和颜悦色地说："真抱歉，这一次我将无法效力，希望你不要介意！"相信不至于产生不良的后果。但是一旦你附以拒绝的理由，则只须重复拒绝，而不应与之争辩；

（5）切忌通过第三者拒绝某一个人的请托，因为一旦这么做，不仅足以显示你的懦弱，而且在请托者心目中会认为你不够诚挚；

（6）拒绝接受请托之后，如有可能你应为请托者提供处理其请托事项的其他可行途径；

（7）如你无法当场决定接受或拒绝请托，则要明白地告诉请托者你仍要考虑，并确切地指出你所需要的考虑时间，以消除对方误以为你是在以考虑做挡箭牌；

（8）要令请托者了解，你所拒绝的是他的请托，而不是他本身。这即是说，你的拒绝是对事而不对人的；

（9）拒绝接受请托时，你除了应显露和颜悦色的表情外，仍应显露坚定的态度。这即是说，不要被请托者说服而打消或修正拒绝的初衷。

以上九种要领，运用之妙，存乎一心。

防止在工作中的外来干扰

外界的干扰也是时间被浪费的主要因素之一。在很多情况下，完不成日程表中的任务，就是因为一天中的干扰源太多。例如：

（1）当你正在赶着完成一项计划书时，你的同事又拿出一堆文件要你处理；

（2）当你想自己能清醒一下头脑，尽快做完手头的工作时，可是周围的噪音却在不停地响着，分散你的注意力；

（3）当你忙得不可开交时，门铃或电话铃响了，你不得不停下手中的活，去应付外来的事情。

不过，综合起来，所有的干扰源不外乎有三种情况，它们分别是：

（1）来自外来客人的干扰；

（2）来自上级的干扰；

（3）来自下属或同事的干扰。

面对这些情况，从时间管理的角度出发，时间管理者应当依照以下原则来做。

1.处理来自上级的干扰

时间管理者对来自上级的干扰，相对来说是不好处理的，因为你不可能直接对上级说：“你不要这样做”或者“对不起，我没有空理你”等之类的话。在你必须拒绝上级的额外工作时，你只能委婉地表达出来，甚至还要担心上级会误解你想偷懒，不愿意做事。

一般来讲，来自上级的干扰往往是由于上级不能很好地体谅下级，或者其本人是一个令人讨厌的人（他喜欢把下级当作机器一样来使唤）。

有这样一些领导，有一种非常令下级感到尴尬的习惯。一旦有客人来访，他就让下级同自己一起接待，即使在他与客人谈话时，他也要让下级坐在一旁，好像这样能体现出自己的尊崇似的。但是下级并不是他的花瓶，下级还有一堆的工作等着去做。

为了排除上级的干扰，不浪费时间，时间管理者可以试一下以下四个秘诀：

（1）和上级商量，与上级一起制订你的预定日程表。这样，上级清楚了你的工作安排了，就不会再干扰你，打乱你的预定日程；

（2）定期与上级接触，报告工作，询问他有无工作需要你去做。然后，你再把这些工作安排到你的日程表中去，这样就避免了上级要求你做一些你的日程表中没有的工作；

（3）当你要完成重要的工作，而周围确实是太不清静，干扰太多时，你就明智地在公司以外的地方找一个工作场所。即使上级要吩咐你做别的什么工作，或许因为碰不到你，就会吩咐别人去做；

（4）使你的日程表和上级的日程表同步，协调起来。按照工作种类，使你的预定日程与上级的协调起来，就能够减少上级对你的额外干扰。

2.处理来自下级的干扰

作为上级的时间管理者，当然也存在被下级干扰的可能。上级与下级的关系紧密，为完成某一工作，就要有上级的授权和工作指导以及下级的实干。只有上下级之间配合默契，才能使工作顺利完成。否则，相互不能理解对方的观点和想法，就会走很多的弯路。

对于下级来说，不理解上级的意图，就要为一件事情反复地向上级请示汇报，因而会给作为上级的时间管理者造成干扰。

作为上级，如果能够做到以下几点，就能较好地减少来自下级的干扰。

（1）对下级不仅仅采取直接面谈的方式，你可以鼓励他们使用备忘录。在备忘录中，简洁地写上下级所想提的问题或者想

谁能掌控时间，谁就能掌控生活。

法。这种备忘录让人看完会立刻明白问题的核心，比起冗长的谈话要省时得多；

（2）每天抽出一点儿时间，在一定的时间内解答下级的问题，以免他们随时向你请示汇报，打扰你的正常工作；

（3）不要在公司内来回溜达，到处闲逛。这样就会很容易使下级想向你找事情来请示，干扰你的正常工作；

（4）对于下级的请示，要及时给予答复，态度明确，观点鲜明，以免下级不能领悟你的意图，而反复地向你请示；

（5）给下级充分的权力和相应的责任。让下级去做某项工作，就给予他充分的权力。如果你还是把权力抓在自己手上，那么就只能让下级打扰你，向你请示工作中每一个小细节。

3.处理来访者的干扰

突如其来的来访者，也是打扰时间管理者正常工作的一个主要干扰源。凡是想来拜访你的人，不管是谁，他都是认为有一定的理由的，是非找你面谈不可的，故而会不经过预约，前来找你。

但是，对于时间管理者来说，这是很不公平的一件事，因为你的时间不能因为来访者有事而被延长。因此，在处理来访者的干扰时，总是会造成一方的不满，要么是来访者占上风，你被迫腾出时间来听他说完要说的事情；要么是你占上风，请他自行离开。

不管是哪一种结果，都不要做得过分，以免伤害感情。即使在你拒绝对方的来访时，也要不失礼貌。

对于已经预约的来访者，也同样要注意会谈的时间，尽量不要超过限定的时间。在与对方交谈时，时间管理者要引导你们之间的谈话，不要让对方把话题扯到一边去。当对方将话题扯到一些没有意义的话题上去时，你可以提一些问题把它拉向原来的方向。如果对方的谈话没有条理，不合逻辑，则你也没有必要让对方硬要接受你的想法，而是想办法引导其思维，使其意识到自己的谈话不合逻辑，从而达到较好的谈话效果。

当你感到你们的谈话已经没有必要持续，或者谈话时间已经快要结束了，而对方却还在磨磨蹭蹭地不想回去时，你可以采取一些带有暗示性的方法来结束你的会谈。

以下是向时间管理者提供的几种建设性方法，你可以任意选用其中之一，来帮助你排除这些人的干扰。

（1）在你们的谈话之前，托付另外的人，让其到规定的时间进来告诉说，外面还有人等着；

（2）说一些带有总结性或结论性的话，使对方感到谈话的结果已经达到了；

（3）用闲话来代替正式话题，表示正式谈话内容已经结束；

（4）在谈话一开始时，就告诉对方你们的谈话时限。或者在谈话接近尾声时，告诉对方你们谈话的时间有限，只能到此为止，下次再谈；

（5）在谈话时，用装有闹铃的手表定时，预定的时间一到，你的闹铃就响了，使对方注意到你们的会面时间结束了，他也就不好意思再继续聊下去；

（6）在谈话时，看着手表或挂钟，显出焦急的样子。

要记住，假如你一次会面谈话浪费五分钟，一天和六个人见面的话，一个星期就要浪费三个半小时！

妥善处理同事间的距离关系

与同事相处，太远了当然不好，人家会认为你不合群、孤僻、不易交往；太近了也不好，容易让别人说闲话，而且也容易令上司误解，认定你是在搞小圈子。所以说，不即不离、不远不近的同事关系，才是最难得和最理想的。

虽有人认为“好朋友最好不要在工作上合作”，但大家都是打工仔，聚在一起工作并不奇怪。如果某天，公司来了一位新同事，他不是别人，正是你的好友，而且，他将会成为你的搭档。上司将他交托于你，你首先要做的是向他介绍公司的架构、分工和其他制度。如果在接待他时你战战兢兢，未免太敏感了；不如放轻松点儿，就当他是普通的同事吧。这时候，不宜跟他拍肩膀，以免惹来闲言闲语。

办公室里与同事相处，大前提是公私分明。在公司里，同事是你的搭档，你俩必须忠诚合作，才可以制造良好的工作效果。如果同事是新人，许多地方是需要你提示的，这时，你就得扮演老师的角色，当然切不能颐指气使，更不应倚老卖老引起他人反感。

私底下，你俩十分了解对方，也很关心对方，但这些表现最好在下班后再表达吧。跟往常一样，你俩可以一起去逛街、闲谈、买东西、打球，完全没有分别，只是闲暇时，以少提公事为妙，难道你一天工作8小时还不够吗？

许多公司有不成文的习惯，就是升职者要请客，你若身处这样的公司，当然要入乡随俗。至于请客请些什么呢？

那要视加薪额和职级而定，一则是量入为出；二则是身份问题。如果你只是小文员一名，却动辄请同事吃海鲜餐，未必个个会欣赏，可能有人认为你太“招摇”。所以，一切最好依照旧例，人家怎样，你就怎样。有人当面恭维：“你真棒，什么时候再请第二次？”你可微笑地回答：“要请你吃东西，什么时候都可以呀！”一招太极就能解决问题。

要是相反，有同事表示要请客祝贺你，是否答应？

当然要答应，否则就是不赏脸，不接受人家的好意。不过，答应之余，请考虑：对方是否一向与你投契得很，纯是出于一片真心？还是彼此只属泛泛之交，此举只是“拍马屁”？前者你自然可以开怀大嚼，后者嘛，吃完之后最好反过来做东，这样既没接受他的殷勤，又没有开罪对方。

许多公司有欢迎新同事和欢送旧同事的习惯，身在其中的你，是否热烈支持这些行动?

欢迎会的目的是联络感情，欢送会则表示合作愉快或感谢过去的帮忙。所以，前者你不必一定出席，除非你的工作岗位是公关或人事部。至于后者，就比较复杂，你应该小心衡量一下：

这位同事与你有没有关系？如果是毫无交情的，可以不必参加聚会，但送一张慰问卡是必要的，那是礼貌，也表示你的关心，何况他日你们或许还有机会共事。

要是常常接触的，但交情普通，则在公在私也该出席聚会，显示你确实欣赏和不舍得对方，分手时，最好表示你的祝福。

若对方是你的助手或更亲密的搭档，最理想的是既参加大伙儿的聚会，又私下请对方吃一顿午饭，或是送一点儿纪念品，以表示你的感谢和友情。

只有和同事们保持合适的距离，才能成为一个真正受欢迎的人。你应当学会体谅别人。

不论职位高低，每个人都有自己的工作范围和责任，所以在权力上，切莫喧宾夺主。不过记着永不说“这不是我分内事”之类的话。过于泾渭分明，只会搞坏同事间的关系。在筹备一个任务前，谦虚地问上司：“我们希望得到些什么？要任务顺利完成，我们应该在固有条件下做些什么？”

永远不要在背后说人长短。比较小气和好奇心重的人，聚在一起就难免说东家长西家短。成熟的你切忌加入他们一伙，偶尔批评或调笑一些公司以外的人如艺人等，倒是无伤大雅，但对同事的弱点或私事，保持缄默才是聪明的做法。

搞小圈子，有害无益。公私分明亦是重要的一点。同事众多，总有一两个跟你特别投缘，私底下成了好朋友也说不定。但无论你职位比他高或低，都不能因为要好这个原因，而做出伤害公司利益的事情。

一个公私不分的人，是做不了大事的，更何况，老板们对这类人最讨厌，认为不能信赖。

职场的朋友不可投入太多。一般来讲百人左右的公司你能找到两三个同事做朋友就不错了。很多同事都是你在职的时候关系好，你一离职关系就断了。认清这一点，不要对后者投入太多的资源。与殷勤的下属、客户或供应商来讲，你大学的同学更值得信任。

掌握职场拒绝语言的使用技巧

你可能遇到过这种情况：一个素行不良的熟人来缠住你，非要向你借钱不可，但你知道，如果借给他便是肉包子打狗一去不回头；你的顶头上司在增减人员上向你提出一些建议，但是这些建议又不符合公司现实情况。

诸如此类的事你必定要加以拒绝，可是拒绝之后，就要伤和气，引人恶感，被人误会，甚至积怨。

要避免这种情形发生，唯一的方法便是要运用自己的智慧。

李霞是某公司的一位部门经理，她与公司的另一位部门主管陈华十分要好。

有一天，陈华突然过来找李霞。李霞很奇怪，问：“你来找我干什么？这可是工作时间。”陈华说道：“李霞，我们部门现在有个计划，希望与某公司合作。但我在这个公司没有熟人，所以想请你帮个忙。”

李霞一愣。

陈华继续说：“我知道，你和这个公司的公关经理很熟。你就做个中间人，帮我说几句话吧。事成之后，我不会亏待你的。”

李霞一听，感到很为难，想直接回绝，又怕陈华不高兴。答应吧，她还不想把公事和私交混在一起。于是她对陈华说：“这件事倒不难，不过我多少听说了你们的计划，是很着急的。我是认识该公司的公关经理。不过，她这段时间在休假。我怕等她回来，你们的计划就给耽误了。”

陈华一听就明白了。李霞又补了一句，“我听说这家公司的老板人很随和，你不妨直接去找他。”

李霞的朋友并没有真的去休假，她只是不想把自己搅进去。她与陈华不是一个部门的，插手其他部门的事，是职场中的大忌。再说，如果办不成的话，可能影响自己和陈华的友谊。

在工作中，对来自同事的请求要学会一些拒绝的技巧。假如我们担心同事埋怨我们不近人情；怕人们说我们不愿帮助人；怕伤害别人的自尊心或怕给人带来不必要的不愉快和麻烦，等等，便轻易答应别人一些事情，结果反而使自己陷于无穷的烦恼和纠缠中不能自拔，这样不只浪费了自己的时间，还浪费了自己的精力，伤害了自己与同事的感情。

当你要拒绝别人的求助时，首先态度要温和，尽管说“不”是自己的权利，仍需先说“非常抱歉”或者说“实在对不起”。然后再详细陈述自己不能“帮忙”的各种理由。这样，对方在感情上就能接受下来，从而避免一些负面影响。

拒绝的语言是有讲究的。不善拒绝的人，一次拒绝就可能得罪多年的深交；善于周旋的人，尽管可能每天都在拒绝，仍然能广结人缘，极少招来非议和埋怨。所以说，如果掌握了拒绝的语言技巧，无论你是委婉还是直接，是找理由推托还是以情理服人，都能游刃有余。

提防办公室小人，敬而远之

余秋雨先生在一篇散文中曾提到“小人”的问题，他说，英雄们在临终的时候，觉得最为痛恨的人不是自己的劲敌，他们往往从牙缝里挤出两个字：小人。看来，“小人”不小，他们的能量大着呢！他们可以做汉奸、叛徒，他们可能装出种种可怜的样子，以博得你的帮助，当你失去利用价值的时候，他们就可能反过来咬你一口。蚂蟥的可怕之处是，它以不经意的亲热的方式去吸人血，而小人比蚂蟥还可怕。

所谓“明枪易躲，暗箭难防”。办公室里时刻都有这种小人存在，他们挖空心思地寻找漏洞，然后见缝下蛆，当蛆长大了，爬上桌面时，那种滋味是让人不得不恶心的。

但是，他们做得非常巧妙，不到关键的时候，他们不可能让你知道蛆的存在，到了关键的时候，你就是知道了，也已经来不及了，这也是他们最高明的地方。

“小人”是引起一个团体纷扰的罪魁祸首，他们造谣生事、挑拨离间、兴风作浪，令人讨厌，所以人们对这种人不仅敬而远之，甚至还抱着仇视的态度。

仇视小人固然足以显出你的正义，但在人性丛林里，这并不是保身之道，反而凸显了你的正义的不切实际，因为你的“正义”公然暴露了这些小人的无耻、不义。

再坏的人也不愿意被人批评“很坏”，他们总要披一件伪善的外衣，这是人性，而你特意凸显的“正义”，却照出了小人的原形。这不是故意和他们过意不去吗？君子不畏流言、不畏攻击，因为他问心无愧；小人看你暴露了他的真面目，为了自保，为了掩饰，他是会对你展开反击的。也许你不怕他们的反击，也许他们也奈何不了你，但你要知道，小人之所以为小人，是因为他们始终在暗处，用的始终是不法的手段，而且不会轻易罢手。你别说你不怕他们的攻击，看看历史的血迹吧，有几个忠臣抵挡得过奸臣的陷害？

所以，和小人保持一定距离就可以了，没有必要嫉恶如仇地和他们划清界限，他们也是需要自尊和面子的，何况你也不可能完全“消灭”小人。因为“小人”是一种人性现象，而人性是亘古存在的，因此不如和他们保持一种“生态”上的平衡。

而且，有“小人”的存在，才能彰显你这“正人君子”的价值与可贵。另外有一点也必须了解，“小人”有时也会有一些“正义”，会不留情面地揭露隐私与不法，这对游走于法令边缘的人，未尝不是一种威胁，因此“小人”还是有某种存在价值的。

在办公室里与“小人”相处，你要做到以下几点：

（1）要有大度的气量。与心胸狭窄的人相处，肯定会发生一些不愉快的事，如果缺乏气量，与之斤斤计较，就无法相处。相反，如果气量大度，胸怀宽阔，就会使那些不愉快的事化为乌有，同时，对心胸狭窄的人也是个教育；

（2）要有忍让的精神。有人因心胸狭窄，做出了对不住自己的事来，你应该忍让。忍让，绝不是软弱，而是心胸宽阔、风格高尚的表现。提倡忍让，并不意味着放弃原则。

心胸狭窄的人极容易错误地估计形势，错误地对待人和事。因此，对心胸狭窄的人发扬忍让精神，绝不意味着迁就他的错误。对他的心胸狭窄忍让，但对他的错误思想和行为绝不迁就，这才是忍让。

忍让可避免无端树敌，在生活中，“多个朋友多条路，多个敌人多堵墙”。树敌过多，不仅会使自己在生活中迈不开步，即使是正常的工作，也会遇到种种不应有的麻烦。

容忍别人对自己所犯的过错，不记仇，给他以希望，他自然会对你有所感恩，将这份报恩的感情藏于心中，日后总要寻机将这份恩情还回去。当然，我们所做的这些，目的并不是贪图他人的回报，如果是那样的话，反而会让人瞧不起。

如果是因为你的过失而伤害了别人，你应及时道歉，这样的举动可以化敌为友，彻底消除对方的敌意。“不打不相识”这一谚语就包含了这一哲理，既然得罪了别人，当时你自己一定得到了某种“发泄”，与其等别人“发泄”回来，不知何时飞出一支暗箭，倒不如主动上前致歉，以便尽释前嫌。

有许多人只注重搞好与重要人物的关系，而对位居其次的人或是暂时处于低谷的人多是瞧也不瞧。这种从众的冷漠态度很容易令对方误会，一旦你有求于他，他对你根本没有好感，自然也不会伸出援手。

一个在机关工作的小伙子，工作能力强，为人机灵，很受大家的喜爱与认可。可是，令人奇怪的是，他对“一把手”的态度总是公事公办式的不远不近，保持一定的距离，而对并无多大实权的“二把手”却十分热情。

小伙子自有他的道理，“二把手”是个尴尬的角色，虽是领导，却总不为人所重视，我若和大家一样对他不冷不热，也就是无形中把他排斥出去。虽然讨好他不一定能起到什么好的作用，但是如果他想在背后给你起点消极作用的话，也是吃不消的啊。亲近他的目的，并不是想与他交下多深的关系，只是不想多一个暗敌。

如果你想化解已与他人结下的仇怨，缓解紧张的关系，最好的办法莫过于以德报怨，宽怀待人。然而，要做到忍而不争，这却需要很大的毅力和勇气去忍受他人对自己的伤害，更需要有宽广的胸怀。

把握分寸，服从但不盲从

在公司，没有员工的服从，公司就无法在市场中立足。服从是事业发展的必备条件，被领导者要服从领导者。没有服从就不能形成统一的意志和力量，任何事情都难成就。“上司”是管着别人的人，上司毕竟是上司，作为下属，你必须服从上司的安排。上司之所以是你的上司，是因为他的地位比你高、权力比你大，即使他的年龄比你小，也仍然是掌握你前途和命运的上司，较高的权力和地位决定了他必须享有较多的尊严。那么对于公司的领导者，是否就要绝对地服从呢？

在职场流行一句话："职场守则第一条：老板永远是对的；第二条：如果发现老板错了，请参照第一条。"这就是盲从。这句话强调了员工对老板的绝对服从关系，但这并不表明老板向你下达的所有指令你都必须执行。盲从是对上级的指示和决定在不理解、不领会的情况下，一味附和、一概听从、一律执行的盲目行为，是无知的表现。上司毕竟是上司，但是上司也是人，他也有考虑问题不周全、处理事情不周到的时候，这时下属就必须不盲从，要有自己的主见。因为老板不一定永远是对的。当他出现错误的时候，他最希望的是能够有人及时地给他指出错误。

当你发现老板有错时，你怎么办？这就需要你在接受老板安排的任务时进行冷静的思考，权衡利弊。如果确实该做，就要毫不犹豫地去执行。如果是不应该做的，并且对自己、对公司都贻害无穷，那就想方设法拒绝，而不能盲从。

如果你觉得老板的命令有一定的错误，而且涉及公司的前途，必须要让老板知道他的错误，你应该在适当的场合、适当的时间私下找他聊，谈谈自己的意见和看法。一个成熟的职场人士，对老板的旨意理解的要执行，不理解的就在与老板的交流中执行，你要能充分明白老板的意图，如此才能看清老板的命令是否真的错了。

事实上，在一项措施尚未实施前发表意见，在决策执行过程中及时指出问题，在上司有明显失误时严肃地提出批评、告诫，既是下属的权利和义务，又是证明自己的才干、获取上司好感的一条有效途径。有人说，最不中用的职员是什么事都不关心，也不表示兴趣的职员。这话颇有道理，因为有关心、有兴趣，你才会对工作认真负责，才会有所建树。但是，这一切都要以服从为前提，不盲从并不代表不服从，不要为了找老板的错误而去看老板的命令，作为下属，你要时刻铭记：老板是你最大的顾客。面对顾客，要像沃尔玛的经营理念一样——顾客永远是对的。假如你力争证明老板错了，那么你才是真正犯了大错。

有的上司自命不凡，对下属言语傲慢，盛气凌人，这时下属就处于十分窘迫的境地，如果盲目违心地顺从上司又觉得过于窝囊，有损自尊，同时又助长了上司的这种不良作风；如果当面直接地表示不服，对方毕竟是上司，不好伤了他的自尊，这时就必须十分注意技巧，向上司暗示你的想法，在维护上司的自尊的同时让他明白自己的冒失。

有一次，拿破仑自得地对他的秘书说：“布里昂，你也将永垂不朽了。”布里昂迷惑不解，拿破仑进一步说道：“你不是我的秘书吗？”意思是说布里昂可以沾他的光而扬名于世。布里昂是一个很有自尊心的人，他不愿接受这个子虚乌有的“恩惠”，但又不便直接加以反驳，于是他反问道：“请问亚历山大的秘书是谁？”拿破仑答不上来，而拿破仑不仅没有怪罪他，反而为他喝彩：“问得好！”在这里，布里昂就巧妙地暗示了拿破仑：亚历山大名垂青史，但他的秘书却不为人所知，那么拿破仑的名气再大，也不会让他的秘书扬名于世了。

拿破仑：全名拿破仑·波拿巴（1769—1821 年），法兰西第一帝国皇帝，出生在法国科西嘉岛，卓越的军事天才。

这巧妙的暗示使拿破仑明白了自己的失言，又维护了双方的自尊。这样机智的下属，肯定会得到上司的信赖和欣赏。试想，如果布里昂唯唯诺诺地盲从，结果又会如何呢？由此可以看出，向上司提意见，一定要注意方式和技巧。记住，尽量不要对你的上司直接说“不”。

你给自己的上司提建议的方式，最好就像三明治那样。一般的三明治是上下两层皮夹着中间的肉，这就像提意见时，开头和结尾都是客气话，而客气话中间就是你要提的意见。一般来说，你在给上司提意见或建议之前，应先说几句好听的话，既表示自己的诚意和礼貌，又制造出一种轻松愉快的氛围。比如，你是一家广告公司策划人，给上司提建议之前，可以先对上司的广告创意中一些值得肯定的地方赞扬几句，说过好话，有了一种融洽的气氛之后，回到正题，委婉而又坚定地提出自己的想法，此时你可以把上司创意的不足之处以及自己的想法都完整而又清晰地说出来，最后，又回到起点，再说些客气话，比如，“这只是我的一些初步的想法，肯定也有不成熟的地方”等，表示自己的谦虚。作为下属，你没有蔑视上司权威的意思，这样，即使上司不接受你的意见，也会接受你的诚意，对你刮目相看。

如果你一定得执行你认为是错误的命令，那你唯一能做的是：服从你的老板，认真去执行。在执行的过程中，要积极主动地报告你的工作进度和工作中出现的问题，凭着你不断报告的工作进度，老板不是傻子，是终止还是继续，他会清楚的。如果最后证明是老板错了，那么老板就会非常地信服你。

拒绝下属，如何说“不行”

工作中，下属有时难免会向作为领导的你提出某些要求，有的要求是合情合理的，有的却可能是非分的要求，那么作为上司，如何拒绝下属的某些要求，才不会使下属感到难堪或者影响下属的情绪呢？

一些平常你有可能会同意的要求，在某些场合你却不得不拒绝，例如：要是在全年最忙的几天有人要请假，你很可能会一口回绝：“不行。”但这样直白的回答往往会让对方感到难堪。那么，怎样的拒绝才会有理却又不会让对方难堪呢？

恰到好处的拒绝既有利于自己，也有利于别人。作为领导者，你不可能什么事情、什么情况下都能满足下属的要求。有些人经常在该说“不”的时候没有说“不”，结果到头来既害己又害人，将人际关系弄糟。

对于下属的要求，不论合理与不合理，你都必须要有非坚持不可的立场。

当下属要求休假，这时可能会有两种情况：要么是你的下属没有按照休假计划的规定办事，要么是这段时间已经安排给其他下属休假了。要是前一种情况，就应该让下属知道他没有遵守规定。你应该这么对他说：“很抱歉，我们打算在那个星期盘点存货，一个人手也不能缺。你知道，正因为这样我们才规定每年的一月安排休假计划。”有时，下属的休假要求与别人预先计划好的休假有冲突。遇到这种情况，你要让他明白，批假的原则是“先申请先安排”，所以不能批准他的请求。不过，可以准许他与已安排休假的那个下属自己协商调换休假日期。

当下属要求加薪或升职的时候，尤其是那些特别尽职尽力的下属，要领导开口说“不行”实在是一件很为难的事。有时下属的职位、薪酬早该变动了，但预算紧缩，生意清淡，或其他因素使你无法对他们的勤奋予以奖励时，最好如实相告，说清楚为什么不能提职或加薪。处理这类问题时，切忌做出超出你职权的承诺。即便你说了你承诺的事要视将来情况而定，如等生意出现转机、预算松动之后等，下属仍可能把它看成是正式的承诺。

当下属要求调到另一部门时，如果是一个可有可无的人请求调动，那就赶快批准，你还应该庆幸自己的运气。但如果最得力的下属要求调动，而且是在很忙的时候，或在一时找不到人顶替的时候，千万不要断然拒绝，因为那样会使一个好下属消沉下去。你应该跟他坐下来谈谈为什么要请调。你会发现促使他调动的原因可能与工作无关。可能是他与某位同事关系紧张，也可能是由于一些通过调整工作可以解决的问题，你只有通过与他交谈才会发现问题在哪里。如果谈话毫无结果，没有什么能使他改变调动的想法，你只有拒绝。但要尽可能减少给他造成的消极影响，尽量给他一线希望。比如可以说：“现在不能调，过一两个月再看看有没有机会。”这样做不仅为你赢得了考虑其他可能性的时间，而且在这段时间里，下属的想法也可能发生转变。不管怎样，对下属的调动要求要表现出关心，这样才有助于减轻拒绝对其造成的伤害。

拒绝下属的某些要求，关键是怎么说“不行”。因为如果下属感到你对他的困难漠不关心，他就很可能另谋高就。具体处理时要尽可能灵活，探讨各种可能的办法，这样即便不得不否决他的请求，你为此所做的努力也有助于消除下属的怨恨。

怎样拒绝下属呢?

（1）对于下属提出的合理要求，能满足的就尽量满足，实在满足不了，就要诚恳地说明原因，并请对方谅解。如果对方的要求不合理，可以用公司的规章制度等作为理由来回绝他，回绝的语气要坚定；

（2）不要断然拒绝下属的要求，听听他的原因，再考虑是否可以接受，即使拒绝也要尽量委婉；

（3）拒绝下属的要求要讲究场合和时机，尽量在没有第三者或者双方都心平气和的时候拒绝；

（4）拒绝下属的要求时要尽量表示对他的关心，并衷心地提出自己的意见。

怎样拒绝，别人才愿意接受

对优柔寡断者说“或许”

拒绝是一种态度。然而，在许多场合，优柔寡断者常常怕得罪别人，怕显得没有礼貌，于是，就说“或许是这样的”“再说吧”“我再考虑考虑”之类的话。从某种意义上说，模棱两可的话就是对别人的敷衍。与其这样，还不如直率地拒绝。

优柔寡断者总想给出最佳答案，但是由于他们自己没有足够的信息来做决定，因此，他们又总是希望避免做决定，并认为这样做能够保护自己或者不会让别人讨厌。也正因为如此，优柔寡断者很少被视为粗鲁无礼的人。另一方面，优柔寡断者也常因此而被视为软弱无能或做事情慢半拍的人。

如果你是一名优柔寡断者，不妨试着用“说‘不’的能力模型”里的问题进行自我激励，以获取做决定所需的信息，进而提高说“不”的能力。当你想说“不”，或需要说“不”，或感觉“不”是最佳答案时，请记住一定要说“不”！直截了当地告诉对方：“这件事我无法做到，你还是另请高明吧。”对技术高超的说“不”者而言，优柔寡断者显得软弱无力、犹豫不决，理应被社会淘汰。相信天底下没有几个人真正愿意做这种被社会淘汰的人吧？

“不，或许以后可以”，这是典型的优柔寡断者的惯用语。

这些人通常用“或许”或者使用诸如下面的话语：

——你就不能找别的人来处理这件事情吗？

——我的时间已经另有安排，眼下不能帮你处理这件事情。

——很抱歉，我现在不能帮你。

——我觉得我并不是处理这件事情的最佳人选。

——我想或许以后可以吧。

——或许行得通。

——我个人觉得那不是我分内之事，况且我认为已经做得够多了。

优柔寡断者还有一个特点，那就是他们为了照顾被拒绝者的心情，往往选择态度不是那么坚决，甚至有些暧昧不清、模棱两可的回答来说“不”，希望对方能够听出自己的弦外之音，从而主动、自觉地放弃对自己的请托或要求。

如果对方比较聪明，能够明白这种模棱两可的回答背后的信息，自动放弃，固然很好。事实上许多人在请求别人帮忙的时候，都是抱着非常大的希望而来的。面对不是很坚决的拒绝，自然不会轻易地放弃希望，而会尽最大的努力去说服。这个时候，如果拒绝者心软，始终无法坚定地把“不”字说出口，就很容易在对方的恭维、请求的话语之下应承下来。即使没有明确表态，也会让人误解，让自己陷入被动的局面。

有些人在拒绝对方时，因感到不好意思而不敢据实言明，致使对方摸不清自己的意思，而产生许多不必要的误会。比如，当你语意暧昧地回答别人："这件事似乎很难做得到吧！"这是拒绝的意思，然而却可能被认为你同意了，如果你没有做到，反而会被埋怨你没有信守承诺。所以，当面对别人的请求时，如果不能确定自己是否可以把对方请托的事办好，或根本就不想接受请托，就一定要避免用下面这些听起来模棱两可的回答：

——好的，你说的事情我会认真考虑的。

——这件事情有点儿困难，我试试看吧，或许能处理好。

——我不确定我能够把这件事情办成功。

——我帮你问问看，但是我把握不大，或许没问题。

——或许可以吧！我不是很确定。

——最近我比较忙，过两天或许能够帮到你。

——这件事等我回来再说好吗？我考虑考虑。

星云大师曾这样讲述：

1953年，我常在宜兰弘法，后来创设了一个幼稚园，那时有七八位年轻女子担任老师。我见他们很有学习性，便省吃俭用，凑出一笔经费，作为车资，经常送她们到台北、板桥接受幼教师资的讲习。她们每每在即将出发之前，一再问我："师父！我们真的要去吗？我们走了，谁来教幼稚园呢？"我回答她们："我也会带幼稚园，你们快去吧！不要因优柔寡断而错失良机！"她们学成回来之后，继续担任教职，将幼稚园办得比以前更有声有色，学生人数竟达五百余人之多，在当时可说是全"国"之冠。后来她们陆续随我出家，其中就有现在的慈嘉、慈容、慈惠。

10多年后，在佛光山草创初期，正是财务最拮据的时候，我又陆续送慈惠、慈嘉、慈怡、慈庄、慈容等人去日本留学。她们甚至在临上飞机时，频频问我："师父！我们一个个走了，您一个人怎么能料理得了山上那么多事情呢？"我依然以平静的口气回答她们："我一个人就可以了，你们不要犹豫迟疑，错失了良机！"她们毕业归国之后，帮我办理各种文教事业，佛光山因此而奠定了厚实的基础。

后来，我又送了一些徒众继续到世界各国去深造，但也有一些没有条件留学的弟子，自己前来要求留学，我回答他们："你们留在山上好好学习行政、法务，不要错失良机！"一些弟子听从我的劝告，继续留在佛光山多方参与，现在都已是住持一方。

那些接受星云大师指点的弟子们有所作为，与他们摆脱优柔寡断的品格息息相关。如果你在现实生活中是一个优柔寡断的人，完全可以通过外在的引导或内在的努力加以改变。这一点毋庸置疑。下面是一些克服优柔寡断的技巧，供大家参考。

不要在流泪的时候做任何决定，情绪负面的时候说话越少越好。

不要去反复思考同一个问题，不要把所有的感情都放在一个人身上，你还有父母，还有其他朋友。

不要害怕做错什么，即使错了，也不必懊恼，人生就是对对错错，何况有许多事，回头看来，对错已经无所谓了。

有负面情绪是正常的，但是自己一定要知道，要明白这只是生活的一小部分，在其余的时间里，要尽量地让情绪平稳起来。

对唯唯诺诺者说“是”

生活中的唯唯诺诺者，因为怕被人讨厌，对一切事情通常都说“是”，不会说“不”字，特别是日本人，他们往往过多地照顾和迁就他人，不懂得如何拒绝别人。唯唯诺诺者中的有些人因说“是”得到一部分人的欢心。另一方面，由于他们对每一件事情都说“是”，有时说“是”的很多事情却不会发生，所以他们也会得罪很多人。

很多欧美企业认为很难与日本企业做生意。因为在很多场合，日本人常常嘴上满口答应，但最终事情却无法解决，闹得不欢而散。于是，不免让人抱怨说：“早知道这样，一开始说‘不行’不就得了！那我还可以考虑其他的方案呢！”那么，人们为什么不说“不”字呢？

究其原因，大致有以下几点。

1.担心说“不”会招来对方的讨厌

“拒绝他不太好吧？他会讨厌我吗？这样做会影响我们的来往吧？”——正是因为在他们的想法中夹杂着这种不自信与不安，所以说“不”对他们来说是一件非常困难的事情，然而，事实并非如此。

因为不想被人讨厌，于是强迫自己做一些不感兴趣的事情，结果坚持不到最后，关键时刻临阵脱逃；也有些人，即使勉强自己完成，也会觉得毫无乐趣可言，最终后悔不已。唯唯诺诺地说“是”，到头来只会让人更加讨厌你，说不定还给你扣上一个“捣浆糊”的帽子呢。

然而，终有一天对方会察觉到，说：“那个人啊，拜托他的事情，表面上都满口答应，但其实却做得很勉强，真不好意思再找他了！”相比之下，那些平时不轻易答应别人请求，但一答应便全力以赴的人，他们要更受欢迎得多。

综合来看，唯唯诺诺者的优点是：能够对周围人伸出援助之手，周围人也依靠唯唯诺诺者做很多事。唯唯诺诺者的缺点是：这些人没有多少时间是属于自己的，也经常不能完成其他人所请求的事情。唯唯诺诺者常常因不能做完每一件事情而身心俱疲。

2.说“不”时会产生一种“不好意思”的心理

很多人在想要拒绝对方的时候，会产生一种“不好意思”的心理。这种心理阻碍了人们把拒绝的话说出口。由于这种矛盾的心情，态度上就不那么热心了，说话吞吞吐吐、欲言又止、欲藏又露。在这种心理的制约下，最终往往是唯唯诺诺地说“是”，依照对方的意图行事。即使拒绝了对方，其态度也容易使对方产生误解，认为你成心拿架子，不够朋友。所以，要想使自己在工作和社会交往过程中，不致惹出大大小小的麻烦，就得首先将这种“不好意思”的心理障碍克服掉。

国外研究拒绝艺术的专家强调，要建立这样一种意识：“你有权利说‘不’，你不必因为拒绝了别人一件事而感到不好意思。”这样，你在拒绝时就会心情坦然、举止大方、态度明朗，避免被误解和猜疑。即使对方开始会对你的拒绝产生一点儿失望和遗憾，但由于你的态度表情向对方表明你是坦诚的，使对方受到感染，容易弱化对方心中的不快。如果你自己都觉得拒绝不应该，心里发虚，那么你的态度表情就会迟疑不决，对方也会觉得你拒绝的理由是不可信的。

比如，在服装店，你在挑选一件衬衣，样式和做工都令人满意，但在价钱上你却觉得不够理想，但看到售货员的热情服务，使你不好意思不买它。售货员就是利用你的这种心理，越是看到你在犹豫，就服务得越是热情周到，帮你量好尺寸、试大小，甚至动手包装好，放进你的购物袋里，造成既成事实。

又如，第一次与女性相亲，你或许会感到左右为难，因为她的长相实在让人爱不起来，但是，由于是你的上司介绍的，或者是上司的女儿，使你难以直接拒绝，虽然每次会面都使你感到不舒服、不愉快，恨不得马上逃得远远的，但你一想到姑娘的身份、上司的威严，你就不得不认真思虑；另一方面，姑娘却对你一见钟情，含情脉脉，你的上司也觉得十分登对。随着时间的推移，你一再丧失说“不”的机会，最后无奈地走向了婚姻的殿堂，这样的婚姻对你而言，显然不是幸福的婚姻。

可是，在现实生活中不知有多少人因为不好意思说出那个

“不”字，而唯唯诺诺地说了“是”。于是，买下了不称心的衬衫，娶了自己不喜欢的姑娘，答应了自己办不到的事情，耽误了自己不应该耽误的约会，等等。

“不，现在办不到，以后可以。”这是典型的唯唯诺诺者的惯用语。这些人通常用“是”或者使用诸如下面的话语：

——我这个月的日程已经安排满了，两个月后再来找我吧。

——你先找其他人试试看吧。如果实在是找不到合适人选，那就我来做吧。

——我很乐意为您效劳。

——我可能会帮你这个忙。

——我愿意。

——我那么做是否能够帮到你呢?

果断做出决定并坚持到底

我们习惯并支持我们自己、孩子、同事、老板、上司和朋友说“是”。我们可以把曾经非常流行的话“对毒品说‘不’”改写成“不要再犹豫不决，彻底远离毒品”。但是，只是停留在告诉自己说“不”是远远不够的。因为在很多情况下，找到拒绝的缘由并坚持到底，与做出拒绝的决定一样，并不是一件容易的事情。

米夫林是霍顿·米夫林这家庞大出版集团（美国最具影响力的教育出版商之一，其出版范围包括教材、教学技术、教学测试以及相关教育资料，主要服务于教师和各年龄段的学生）的老板。他为我们树立了一个果断做出决定并坚持到底的杰出榜样。

从哈佛毕业后，他出国游历，虽然自小衣食无忧，但他还是决心要进入剑桥的里佛赛德出版社工作。他登门拜访了年长的霍顿先生，希望能谋得一个职位。然而，霍顿先生告诉他没有空缺的职位。就算是有职位空缺，他也不相信一个衣食无忧、有足够的钱出国游历的哈佛毕业生会为了微薄的薪水，心甘情愿地从底层的杂役做起。米夫林争辩说他不惧怕工作的艰辛，并且只要能够学习了解这个行业，他什么工作都愿意做。但是霍顿先生还是没有答应他的请求。

米夫林一次次来到里佛赛德出版社恳求雇用自己，但却一次次地遭到拒绝。米夫林请求父亲帮他向霍顿先生求情，但是霍顿却反而说服了他的父亲不要儿子坚持这样不明智的决定。但是，年轻的米夫林仍然决心坚定，丝毫没有动摇。最后，霍顿先生终于被他的坚定和执着所折服，为他安排了一个职位，但每周只有5美元的工钱。

米夫林全力以赴地投入到工作中去，兢兢业业。不久，霍顿先生便将他的工钱涨到了每周9美元。虽然这个年轻人住在波士顿，但是他每天都很早来到工作岗位，并且在其他员工下班后仍然留下继续工作。有一次，霍顿先生碰巧加班晚归。他以为其他人都已经回家了，却意外地发现米夫林仍然在继续工作。这样的年轻人当然会得到提拔，前程似锦。只有这些人在将来才有可能执掌大型企业。

只要你学会坚持不懈地去完成一件事情，你就能获得成功。你将会更好地审视自己，别人也会对你刮目相看。美好的命运女神总是青睐那些坚定执着的人。

谢里登在会议做完第一场演讲后，一个叫伍德富尔的记者这样对他说："我很抱歉，你所说的和之前有些出入。你最好还是坚持你最先开始的立场。"谢里登低下头来，沉思一会儿，然后抬起头说："这是我所认同的立场，我就要把它表达出来。"同样，谢里登曾经在众议院做过一篇慷慨激昂的演说，反对沃伦·黑斯廷斯。这场演说被演说家福克斯称之为最为出色的演说。

"一个人如果永远都分不清楚该先做什么，"威廉·沃特说，"他就将一事无成。"同样，一个人的决定如果仅仅是因为其他人的建议而轻易动摇，像风向标一样左摇右摆，他必将无法获得成功。

原美国海军部次长金贝尔说："他知道所有美国导弹工程的核心机密，一个钱学森抵得上五个海军陆战师，我宁可把这个家伙枪毙了，也不能放他回红色中国去。"

第二次世界大战后的美国，战争的阴影还没有消失，冷战的恐怖气氛又接踵而至。美国一方面在国际上与苏联对抗，另一方面在国内清除所谓的“共产主义意识形态”，打击进步势力。反共排外的麦卡锡时代，就连20世纪最伟大的物理学家爱因斯坦、“美国原子弹之父”奥本海墨都被列在了黑名单上。钱学森更被当成最大的中国间谍。

你说一个政府整一个人还不容易吗？美国政府对他进行了详细的调查。钱老不服，性格倔，不配合调查，美国人不客气，把他抓起来关在监狱里。

从此，美国当局的政治迫害接踵而至。移民局抄了他的家，在特米那岛上将他拘留14天，使其身心受到极大摧残，直到加州理工学院送上15 000美金的巨额保释金后，钱学森才得以回家。后来海关又没收了他的行李，包括800公斤书籍和笔记本，强硬说里面有机密材料。

钱学森的故事告诉我们，无论是谁都有人身自由和选择自由。不要去听从那些并非命令的命令，闲暇之余自己想做什么就做什么。就算是出差办事也大可不必拖住别人的大件行李，而让他人悠然自得地在前头漫步。违背自己意愿的事不要去做。自己想做的事，只要不违法违纪，尽管果断地做出决定，并坚持到底，不要怕招来别人的冷嘲热讽，甚至百般阻挠。生活把你改造成为一个“软弱可欺”的弱者，但是经过你的努力，你一定能够重新变回强者。

礼貌拒绝，而非强硬对抗

一位青年作家想同某大学的一位教授交朋友，以期今后在文艺创作和理论研究方面携手共进。作家热情地说："今晚6点，我想请你在海天楼餐厅共进晚餐，我们好好聚一聚，你愿意吗？"事情真凑巧，这位教授正在忙于准备下星期学术报告会的讲稿，实在抽不出时间。于是，他笑了笑，又带着歉意说："对你的邀请，我感到非常荣幸，可是我正忙于准备讲稿，实在无法脱身，十分抱歉！"他的拒绝是有礼貌而且愉快的，但又是那么干脆。

如果你想对别人的意见表示不同意，请注意把你对"意见"的态度和对人的态度区分开来，对意见要坚决拒绝，对人则要热情友好。

在德国某电子公司的一次会议上，公司经理拿出一个他设计的商标征求大家意见。

经理说："这个商标的主题是旭日。这个旭日很像日本的国旗，日本人民见了一定乐于购买我们的产品。"

营业部主任和广告部主任都极力恭维经理的构想，但年轻的销售部主任却温文尔雅地说："我不太赞同这个商标。"经理听了感到很吃惊，全屋的人都瞪大眼睛盯着他。

年轻的销售部主任没有同经理争论那个带红圈圈的设计是否雅观，而是说："我恐怕它太好了。"

经理感到纳闷，脸上却带着笑说："你的话叫我难以理解，解释来听听。"

"这个设计与日本国旗很相似，日本人喜欢，然而，我们另一个重要市场——中国的人民，也会想到这是日本国旗，他们就不会引起好感，就不会买我们的产品，这就与本公司要扩展对华贸易营业计划相抵触。这显然是顾此失彼了。"

"天哪！你的话高明极了！"经理叫了起来。

这个事例中的年轻主任用彬彬有礼的态度说了一句"我恐怕它太好了"，先抚平了经理的不悦，使其不失体面。后来他用更充分的理由，委婉地表达了一个信息：不赞成这么做，并指出反对经理意见的充分理由，如此一来，经理不仅没有感到下不了台，听后还心悦诚服，并对年轻主任产生了好感和由衷的赞赏。

由此可见，在沟通过程中，当你不同意对方观点的时候，最好不要直接用"不"这个具有强烈的对抗色彩的字眼，更不能威胁和辱骂对方，应尽量把否定性的陈述以肯定的形式表示出来。尤其是向有权威的人士表示反对或拒绝的时候，更应如此。马基雅维利有这样一句名言："以我所见，一个老谋深算的人应该对任何人都不说威胁之词或辱骂之言，因为两者都不能削弱敌手的力量。威胁不会使他们更加谨慎，辱骂则会使他们更加恨你，并使他们更加耿耿于怀地设法伤害你。"

总而言之，拒绝是一个情绪强烈的负面词，无论是对上司，还是对朋友使用它时，一定要面带微笑，语气亲切，彬彬有礼，即使是对素不相识的推销人员，也应如此。倘若盛气凌人、态度傲慢不恭地拒绝对方，相信没有几个人能够坦然接受得了。

转移话题，消除尴尬

在人际交往过程中，总会在一些事情上产生分歧，或遇到一些令人尴尬的问话，比如涉及国家、组织的秘密，涉及个人收入、个人生活、人际关系等问题。在这种情况下，继续谈论已经发生争议的话题，会发生更多的不愉快，两个人即使是缄默不语，也不能解除尴尬的局面；如果用“不能告诉你”来回答，那会使你显得粗俗无礼；如果套用外交用语“无可奉告”来作答，那又会给提问者造成心理上的失望与不快。最简单最直接的办法就是掌握“顾左右而言他”的语言艺术，采用故意转移话题法，这样能够让两个人顿时轻松不少。

所谓“故意转移话题”，就是在对方还没有完全表达出想说的话时，就将其话断开，转向其他的话题。事实上，这对于拒绝对方而言也不失为一种好的方法。

两个青年去拜访老师，在谈话中提到：“老师，听说您的夫人是教英语的，我们想请她指教，行吗？”

老师为难地沉默了片刻，说：“那是我以前的爱人，前不久分手了。”

“哦？对不起，老师……”

“没什么，喝点儿水吧。”

“老师，您的书什么时候出版？快了吧……”

这样转换话题，特别是提出对方很愿意谈的话题，就会使谈话很快恢复正常，气氛活跃起来。

在说话过程中，当对方有意无意地触到我们心中的隐痛、忌讳或者自己不愿回答的问题时，如果一时没有好办法应答，那么，就干脆使在场者的注意力从自己身上挪开。问话者见我方对其问题不予理睬，在尴尬的同时会很快意识到自己的鲁莽和无礼，从而不再追问。

某单位一张姓女子结婚，在单位散发喜糖，刚巧该单位有一位尚未谈对象的35岁的大龄女青年。大家吃着糖，突然一位中年科员笑着对那位女青年说：“喂，什么时候吃你的喜糖啊？”大家都望着那位女青年。那位女青年脸微微一红，把脸转向邻近的一位女同事，然后指着那位女同事身上的一件款式新颖的上衣问：“咦？这件上衣什么时候买的？在哪个商店买的？”两个人便兴致勃勃地谈起了那件衣服。

在大庭广众之下问大龄女子什么时候结婚的确是一件很不礼貌的事情。女青年碰到这个尖锐的问题时处境非常尴尬，回答不好可能会引起大家的闲话，再说这事也没必要让大家来参与。于是她立刻把话题转移到同事的衣服上，借以回避对方的无聊问题。问者受到毫不掩饰的冷落，自然也认识到自己的失礼，没有理由责怪女青年对自己的置之不理。

归纳起来，大致有以下几种方法供我们“顾左右而言他”。

1.节外生枝法

谈话总是要围绕一个中心内容来谈，如果你对此不感兴趣，或不想多谈，你可采用节外生枝的方法，转移活题。比如，谈论某个人的是非，可你不想谈，那么你可先听对方说，然后说些和被谈论人无关紧要的事，说自己的事，说说话人的事，说近来发生在身边的有趣的事。

2.巧转视线法

谈话中，眼睛看向窗外，表现出对外面的天气或景物的关注，评论天气的好坏、气候的变化；谈话中，把视线集中在对方的穿着打扮上，夸她的服饰有档次、有品位，夸她的肤色青春靓丽，向她讨教护肤的方法，讨教如何购买化妆品等。

3.先声夺人法

未等对方完全摊开话题之前，你就另立个话题，然后天南地北地说起来，不时地还向对方征求意见，让他发表高见，并向他讨教解决问题的方法，让他为自己指点迷津，态度极为诚恳。不给对方喘气儿的机会和再提话题的时间。

4.锦上添花法

锦上添花法，即由对方话语中的某一点引出新的话题。

朋友甲在交谈中夸耀自己的孩子：“我女儿这次数学考试又得了满分！哎，你儿子怎么样？”乙的儿子数学较差，如果他不愿意公开，就可以说：“哦，满分？你女儿真聪明，语文一定也考得不错吧！”听到人家夸奖自己的女儿，甲喜笑颜开，又开始介绍女儿的语文成绩。

5.补充引渡法

这种方法表面上为对方的谈话做补充说明，实际上暗度陈仓、转换话题。

小王说：“博览会上羊毛衫的款式真多……”如果他滔滔不绝地介绍起羊毛衫的款式，而你又不感兴趣，那么，不妨抓住他说话的间隙，插上一句：“我昨天也去看了，不是还有各种名牌冰箱吗？”这样，就能把话题引到“冰箱”上去。

需要注意的是，有的人一讲到兴头上，往往收不住，给“补充引渡”带来困难。这时，你就要针对他的特点，用他同样感兴趣，甚至更加感兴趣的话题去“诱惑”他。一般来说，他会不经意间转换话题的。

6.追问转移法

对对方的回答不断地追问，也能达到转换话题的目的。

有人总是抱怨自己不被领导赏识，是个人才但是缺乏机遇，听到的次数多了，难免使人厌烦。特别是有的人还很不“识相”，不管人家爱听不爱听，依然喋喋不休。这时，你不妨趁机追问：“你认为一个人成才需要哪些条件？成才既然需要主客观条件，那么主观因素与客观条件相比，哪一个更重要呢？”“客观条件很差，由于主观努力而终于成才的，这一类例子你多少了解一些吧？”利用一次或多少连续追问使他逐渐偏离原来的话题。

7.另起炉灶法

另起炉灶法简洁明快，往往用明白的语言刹住对方的谈锋，迫使话题转换。这种方法虽然直截了当，但也要顾全对方的面子，尤其是在对方谈兴正浓的时候。你可以对只顾自己口若悬河的人说：“这件事咱们有机会再谈吧，我先告诉你一件事……”；也可以在听到不愿听下去的话题时说：“我们不谈这个，谈谈……好吗？”既注意到了礼貌，又达到了转换话题的目的。

当然，运用这种方法说“不”：一要看准时机；二要灵活打断；三要主动出击。此外，还需要做到正确的断答，才思敏捷，口语技巧娴熟。这是因为，首先，断答前要摸准对方的心理，“你一张口我就知道你要问什么”“未闻全言而尽知其意”，这与“错答”比起来，要求会更高；其次，要能抢得自然而恰当，比如从“喜欢”（人）而引论到“喜欢”（书），能瞒过在场的其他听众；最后，断答往往需要几个回合才奏效，因为抢一两次，对方可能还不能领悟到答话者的真正意思，或者略略知道而不甘心，继续发问，这就要求“连抢”多次，才能不漏破绽，达到目的。所以说难度大、技巧性强，但如果运用得当，效果也会很好。

故意转换话题还有一种情况：在两人的交谈中涉及第三人的

名誉或利益，这时更要当机立断，改变话题。如当有人在会话中损害了某个人的名誉时，你就要以坚定的语气说：“我对他的印象很好，还是让我们谈谈其他事吧。”或者，当有人诽谤一位双方都很熟悉的朋友时，你可以用吃惊的语气说：“是吗？可是他对你评价非常高，常常讲你的好。”这种明显的转换话题往往能够马上制止闲言碎语。

巧妙拒绝，跟谁都能谈得来

运用“破唱片”技巧，重复说“不”

亲人、朋友、甚至陌生人有时都会让你做一件你不愿做的事，一遍又一遍地跟你提起，给你一大堆有吸引力的理由，对你的拒绝却横加抱怨。他们以为只要不断努力，时间一长，总会把你说服的。如果你屈从了他们，你可能会对他们感到愤怒，对自己也感到厌恶。

幸好有一条简单易学又有效的说“不”技巧，由热夫·旺德拉创制，这一技巧能够让你从容地应对哪怕最难缠的要求。这种技巧叫做“破唱片”。因为它需要你像破唱片一样，一遍又一遍地重复同样的话。

在使用该技巧时，可以先使用应对批评的那三招。第一，如果不明白对方的话，询问具体内容；第二，一旦清楚了之后，同意对方说的事实或者同意对方有发表意见的权利；第三，通过自我透露，表明不愿意按对方说的去做，可以加上你的理由。在这之后，如果对方仍然坚持，则使用破唱片的技巧，他说什么都表示同意，但始终用同样的话拒绝他的要求。没有人能够和破唱片争论，所以对方最后将不得不放弃。

下面的对话是教授谈话技巧的老师开设的培训班上的练习，它很好地展示了如何使用这个技巧。

对话一：斯坦要求吉纳维芙帮助募集慈善募金

斯坦：呃……吉纳维芙，你好！

吉纳维芙：你好，斯坦。有什么事吗?

斯坦：噢，是这样，我来是给你一个为大家做善事的机会。

吉纳维芙：哦，我需要做些什么呢?（询问具体内容）

斯坦：你知道，我每年都替“联合之路”募集资金。

吉纳维芙：很高兴你这样做，斯坦。等一会儿，我去拿钱包。

斯坦：吉纳维芙，今年我需要你更多的帮助。我要开车出去旅行。

吉纳维芙：哦，那太不巧了。斯坦。

斯坦：如果你能替我向邻居募集的话，你就帮我大忙了。同时自己也做做善事。

吉纳维芙：没错，确实是善事，而且又能帮你的忙，但是我不想去收钱。（同意对方说的事实以及自我透露）

斯坦：我相信你没问题的，周围的人都很喜欢你。

吉纳维芙：多谢你这样说，但是我不想去收钱。（破唱片）

斯坦：当然，你知道，只要花1个小时的时间。

吉纳维芙：我知道只要1个小时，但是我不想去向邻居收钱。（同意对方说的事实以及破唱片）

斯坦：这也是一个很好的机会，可以和艾迭、夏洛特、艾丽丝以及其他朋友接触一下。此外，你说过想找机会认识一下街区里的人，现在就是机会了。

吉纳维芙：确实是不错的机会，能会会老朋友，结识一些街区里的人，但我还是不想向邻居收钱。（同意对方说的事实以及破唱片）

斯坦：你知道，“联合之路”为受灾的人们提供很大的帮助。像得克萨斯州暴发的洪水，甚至那次洛杉矶水坝的决口。

吉纳维芙：说得没错，但是我不想向邻居收钱。（同意对方说的事实以及破唱片）

斯坦：你为什么不愿意做呢？我就想不明白。

吉纳维芙：我知道你可能想不通，但是我确实不想去。（同意对方有发表意见的权利以及破唱片）

斯坦：吉纳维芙，你好像对其他人一点儿都不关心。

吉纳维芙：我知道你可能会这样想，但是我还是不想去。（同意对方有发表意见的权利以及破唱片）

斯坦：我觉得你是不想帮我这个忙了。

吉纳维芙：你说得没错，我确实帮不上忙。（同意对方说的事实）。

对话二：莎伦要求玛吉帮忙照顾孩子

玛吉（拿起电话）：喂？

莎伦：你好，玛吉，我是莎伦。今晚愿意帮我照顾小孩吗？

玛吉：谢谢莎伦，但我不想做。今晚我只想自己在家休息一下。（自我透露）

莎伦：噢，知道了……但是我问孩子们想要谁照顾，他们都大声喊道：“我们要玛吉！”

玛吉：我很高兴他们喜欢我，我也很爱他们，但是我今晚只想自己在家休息一下。（自我透露以及破唱片）

莎伦：玛吉，如果你答应的话就是帮我大忙了。不然我还得到处打电话找别人。

玛吉：我知道这样有些麻烦，但是我就想休息一下。（同意对方说的事实以及破唱片）

莎伦：我知道，我知道。玛吉，我觉得你现在变得比较孤僻了。

玛吉：也许吧，但是今晚我只想自己在家休息一下。（同意对方有发表意见的权利以及破唱片）

莎伦：我有个提议，我把孩子们带过去，让他们提早睡下。那样你就差不多是一个人待着了。

玛吉：没错，是差不多一个人待着。但是今晚我只想自己在家休息。（同意对方说的事实以及破唱片）

莎伦：听着，这不是身为邻居应该做的事情吗？我的意思是，邻里之间应该互相帮助。

玛吉：你说得没错，但是今晚我只想自己在家休息一下。（同意对方说的事实以及破唱片）

对话三：伯尔尼要求埃里卡放弃她的节食计划

埃里卡：伯尔尼，我们今晚去哪儿吃饭？

伯尔尼：商业街新开了一家墨西哥餐馆，去那里怎么样？

埃里卡：除此之外什么都行，伯尔尼。墨西哥食物太油腻，我要坚持我的节食计划。（自我透露）

伯尔尼：嗯，但是墨西哥菜好吃啊。

埃里卡：确实是好吃，但是我要坚持节食。还有别的建议吗？（同意对方说的事实以及破唱片）

伯尔尼：哎呀，一天不节食又不会要你的命。

埃里卡：确实不会，但是我还是要坚持节食。（同意对方说的事实以及破唱片）

伯尔尼：实际上，埃里卡，我觉得你应该稍微放轻松一些。那样对你的心理有好处。

埃里卡：也许吧。但是我真的想减肥，所以我要坚持节食。（同意对方有发表意见的权利、自我透露以及破唱片）

伯托尼：埃里卡，没人能够把节食坚持到底的。你早晚会放弃的。所以为什么不现在放弃呢？

埃里卡：大多数人确实都放弃了，但是我不会。我要坚持下去。（同意对方说的事实以及破唱片）

伯尔尼：好的，好的，告诉你吧，我有一张这家餐馆的优惠券——两个人收一个人的钱，今天晚上就过期！如果我们现在不用的话，就丢掉好了。

埃里卡：我知道这样会让你另外多花钱，伯尔尼，并且你将错过这么好的机会，但是我还是要坚持节食。（同意对方说的事实以及破唱片）

反复说“真伤脑筋”“该如何是好”

当他人托你帮忙办什么事情的时候，可以反复地说“真伤脑筋”“该如何是好”。一方面它们含有“我很想对你委托之事说‘是’”的意思；另一方面，求人办事者也绝对捕捉不到之所以令你伤脑筋或不知如何是好的缘由来。尽管交谈已经持续了好一阵子，结论却始终是“伤脑筋”，则最后对方还是认输，不得不先自行告退：“那么，我改时间再来麻烦您了。”当然，对方也不会觉得不愉快。最后，对方反而会同情我方的这种立场。

据说，好莱坞女演员安·巴克丝达便是用“伤脑筋”巧妙说“不”的高手。

安·巴克丝达是老练的女演员，而她的高明的拒绝方法，也同样老练，由于她是难得的配角人才，所以，每个礼拜都有至少两部剧的剧本送到她那里。“请看一看，如果中意，请您参加演出。”不一会儿，制片人就会打电话来，请她参加演出。

于是，她就在电话中不断地发出“伤脑筋”的语句。据说大致是这样的：

“那个剧本很好看，可是，我觉得伤脑筋的是……”

“而且那个角色也很富挑战性，真是伤脑筋……”

“跟我演对手戏的是谁啊？啊！是他！我真想和他共同演出一次呢，这就更叫我伤脑筋了。”

“导演非常中意我？真的？唉，伤脑筋，伤脑筋。”

安·巴克丝达说“不”技巧一点儿也不次于她在银幕上的演技。

本来，“伤脑筋”“该如何是好”等的语句里，就有一种在自我的周围架设心理墙壁的作用。因此，对方被这一道无形的墙阻隔住了，不易进来，每次交谈就连续不断地说出这些句子，则这道墙壁越发坚固，对方终于要依附在我方的自我，主动放弃说服。

而且，由于不说出“伤脑筋”“该如何是好”的缘由，所以，对方也不知道为了引出我方的“是”而必须破除哪些障碍。因此，能进一步给对方错觉，我方之所以不肯点头称“是”，原因是对方并没有想方设法将障碍破除掉。最后，弄得对方反而要向你说“抱歉”。

就算是对方要追根究底地盘问你“伤脑筋的缘由”，你也大可继续说“你这么一再要问我伤脑筋的缘由，我也回答不出来呀，真是伤脑筋”，只管一遍一遍提及“伤脑筋”“该如何是好”就是了。

利用俗语直截了当地拒绝

有一位姓孙的女士因公出差，在火车上与一位看起来很有涵养的男子坐在一起。这位男子主动和她搭讪，孙女士觉得一个人坐着也挺乏味的，于是就和他攀谈起来。

开始时这位男子还算规矩，和孙女士只是谈谈乘车难的感受以及交流交流对当今社会上一些不合理现象的看法。可不知怎的，谈着谈着，这位男子竟然话题一转，问了孙女士一句："你结婚了吗？"孙女士一听顿生厌恶，于是她态度平和地对那位男子说："先生，我听人说过这样一句话，前半句是'对男人不能问收入'，所以我才没有问你的收入；后半句是'对女人不能问婚否'，所以你这个问题我是不能回答了！请原谅。"

那位男子听孙女士这么一说，也觉得有点儿突兀，尴尬地笑了笑，不再说话了。

孙女士利用俗语直截了当地传达了"不"的意思，我们不能不佩服孙女士说"不"的能力。寥寥数语，既表达了对对方失礼的不满，又没有让对方下不了台，可谓一举两得。

日本有一位教育界的前辈，每当学生来向他借书时，不问借书的理由为何，一律采取拒绝的态度。经了解得知，那些被拒绝的学生们平时表现都不错，但是这位教育界的前辈一度借书给他们，却没想到这些学生们从来没有归还过。他为了消除研究工作上的不便，所以不得不这么做，以便求得"自我保护"。他拒绝学生的说辞，颠来倒去总是这么几句："本来很想借给你，可是你不知有句俗语说：'借书给人者，傻瓜。还书者，傻瓜。'所以，我只能说很抱歉。我真的不能借给你。"几乎所有的学生听完这番话后，都会怏怏而归，俗语的威力由此可见一斑。

俗语可以说是人类的智慧累积，是经过历史的千锤百炼出来的，故含有对方和自己所共有的已经了解的一些真理。已经具有无法轻易否定的分量，而且表达方式简洁，不必思考就能凭直观了解，不须提示“因为如何所以才如何”式的推测或想法，就直接说出结论，也是俗语的强处。

由以上说明看来，与其花费千言万语来做“不”的借口，倒不如使用一句恰当的俗语更能漂亮地表达我方的心意。而且，是彼此已经了解的“共有财富”才这么说，所以不致给被拒者感觉不愉快，很是便利。在日常生活中，我们不妨也准备一些俗语来拒绝对方。比如，当朋友向你借钱时，说：“亲兄弟还明算账呢。”

不要生硬地拒绝对方的求助，应该让对方意识到你是为了他的“利益”而拒绝的。你可以这样说：“我呢，从内心里非常同情您，也非常想帮助您，但对这件事我并不在行，一旦干坏了，既耽误你的时间，又浪费你的财物，影响也不好。我还费力不讨好。您不如找一个更稳妥的人办吧。要拜托我处理这件事，我真的很担心最终落得个‘赔了夫人又折兵’的惨淡结局啊。”

在表示拒绝之意的话语中，添加一些俗语，你将收到满意的说“不”效果。

运用含糊回避法暗示

清初，有位诗赋名家叫周宛云，当时慕名请教他的人络绎不绝，都以能见他一面、聆听他的教诲而深以为幸。

刚开始时，周宛云见别人千里迢迢向他求教，格外尽心，是非曲直、好坏褒贬，一点儿也不隐瞒，以为只有这样，这些求教于自己的人才会有所收获。谁知这些人拿着诗稿都是兴冲冲而来，经他批评一番之后，一个个垂头丧气而去。时间一长，外面议论周宛云老先生的话便多了起来：有人说他狂傲，有人说他自以为是，有人说他浪得虚名，有人说他黑白不分等，不一而足。

周宛云老先生十分后悔，对朋友诉苦说："我既不想招来别人的怨恨，更不想把他们狗屁不通的诗说成是天下绝作，这样该如何是好呢？"朋友淡然一笑，劝慰他说："你呀！既不说他诗好，又不说不好，只说一句'真不容易'不就结了？"

周宛云老先生豁然开朗，对朋友这一妙招点头称是。

这一天，又有老头骑着毛驴带着上百卷诗稿前来向他求教，他改变以前的做法，和颜悦色地问老头："您作诗到如今有多少年头了？"老头颇为自豪地说："快40年啦！"周宛云老先生用手拍拍诗稿："在40年里，竟能做出一百多卷诗来，真不容易呀！"老头连连说："哪里哪里！"心满意足而去。

从此以后，向周宛云请教的人都高兴而来，满意而归。他们回去都向别人说："宛云老先生说我的诗不容易，真是有眼光！"

在现实生活中，谁都不喜欢被否定、被拒绝，但有时候我们又必须去拒绝他人，这时，我们可以用含糊回避法。上述故事中的周宛云“真不容易”便无形中运用了此法。“真不容易”有很多种意思。可以理解为写得好不容易，也可以理解为你的水平能写出这种诗也就很不容易了，还可以说能把诗写得如此糟糕很不容易。

那么，“含糊回避法”究竟是什么意思呢？就是当对方提出某些问题、要求时，不明确表态，即以不具体、不清晰、语言含糊不清的答复来间接表达拒绝的意思。这样的表达可以让对方听了不得要领，不能再提出新的要求。比如，甲画了一幅画，自觉不错，问乙觉得如何。乙一看，心里直嘀咕，一点儿也不漂亮，可是乙回答“还可以”。他虽然回答得很模糊，但如甲明智一点儿，就会明白乙的意旨所在。

有时，在拒绝别人时，语言表达虽然明白清楚，但是答非所问，避重就轻，让对方不得要领，效果也是一样的。

比如，有一位女士对美国前总统林肯说过：“总统先生，你必须给我一张授衔令，委任我儿子为上校。”林肯看了她一眼。女士继续说：“我提出这一要求并不是在想求你开恩，而是我有这样做的权利。因为我祖父在列克星敦打过仗，我叔父是布斯堡战中唯一没有逃跑的士兵，我父亲在新奥尔良作过战，我丈夫战死在蒙特雷。”林肯认真地听着女士说的话：“夫人，我想你一家为报效国家，做得已经够多了，现在是把这样的机会让给别人的时候了。”这位女士本意是恳求林肯看在家人功劳的分上，为其儿子授衔。林肯当然明白对方的意思，但他却以装糊涂的方法拒绝了。

又如，第二十四届奥运会在韩国汉城（即韩国首都首尔，当时称为汉城）举行，当中国代表团到达汉城时，记者纷纷围上来，问中国代表团团长李梦华：“中国能拿几块金牌？”“中国能超过韩国吗？”李梦华答道：“10月2日以后（奥运会结束之日），你们肯定能知道。”记者又接着问道：“中国新华社曾预测能拿8至11枚金牌，你认为这是客观的吗？”李梦华回答道：“中国有充分的言论自由，记者可以按他们的想法写。”

大凡国际赛事，自己队能拿多少奖牌，自己心里一般是有底的，有的甚至还落实承包到具体运动员。但是赛场上变幻莫测，决定能否夺魁的因素变数很大，无论对于谁来说，都没有十拿九稳的把握。能拿多少奖牌，关系到国家的荣誉，不能出尔反尔，视若儿戏，更不能授人以柄。因此，对记者提出的这样的问题，一般都要拒绝回答。但这又有别于正式严肃的外交场合，所以拒绝时不妨来点语言游戏，或避而不答，或避实就虚，轻松诙谐，又能达到自己想要的目的，何乐而不为呢？

在拒绝时，尽可能把“不”说得含糊一些，这样做既能让对方明白你的立场，也能充分保留对方的面子，避免对方心理上的挫败感。事实上，这种模糊拒绝法还有一种形式，即抽象式拒绝，把话题不断抽象化，就可以逃开对方的要求。在很多时候，如果用具体的话来拒绝会遭到对方的反感，你大可将话题不断抽象化，谈论的问题看上去比正题还要重要。事实上，这时已把对方诱入距离正题非常遥远的烟云中去了。

比如，你的一位同事在帮他的表弟推销家具，如果你的同事向你推销时，你又不想要。这时不妨对他说："谢谢你的好意推荐，这样的家具确实比较便宜，只是我也弄不清楚究竟怎样的家具更适合现代家庭，据说有些人对家具的要求是比较复杂的。我的信息也太缺乏了。"听了这番话后，这位同事多半会带着莫名其妙或似懂非懂的表情离开，因为他已经从中嗅出了"不买"的气息，而想要继续说服你什么"更适合现代的家庭"，却是个非常笼统又模糊的概念，这样，即使同事想发动新一轮的"言辞进攻"，也会由于找不到明确的目标而不得不放弃。这样，也就达到了拒绝他人的目的了。

又如，当你要拒绝他人的求婚时，由于对方的态度极其认真，因此你一本正经地说理，问题就始终得不到解决。而且，要正面说出"不想和你结婚"，通常会伤害到别人，让对方在心理上承受挫败感和失落感。倘若把"甲和乙的婚事"这种具体的要求，故意提高到抽象的"一般的结婚"问题上去，就另当别论了。

"被你求婚，我好开心。不过我认为不可太沉溺于感情。"

"不，我很冷静。"

"我不是这个意思。我想和你好好谈一谈你我对结婚有什么样的看法。"

“好的呀！”

“结婚到底是怎么一回事呢？”

你一旦把对方诱入到抽象的水准中，以后就可将此水准不断提高。“对男女的结合来说，一夫一妻制是不是理想的形态？”“究竟男人和女人是什么呢？”……就这样，把话题越说越抽象，越扯越远，在不知不觉中，对方就被你给巧妙地拒绝了。

恰当自嘲，化解尴尬

人生在世，不论地位高低、身份贵贱，总会碰到一些求人的事。因此，作为求人的一方就难免会遭遇拒绝。当某人向你提出了一个要求或恳请的时候，你又不好意思明言拒绝他。这种情况下，恰当自嘲，能够缓和气氛，不至于让对方感到过于尴尬而影响你们日后的正常交往。自嘲，即自我嘲弄，表面上是嘲弄自己，但实际上却另有他意。

当年，广州的一些进步青年创办的“南中国”文学社，希望鲁迅先生给他们的创刊号撰稿。鲁迅先生并不想写，于是就说：“文章还是你们自己先写好，我以后再写，免得人说鲁迅来到广州就找青年来为自己捧场了。”青年们说：“我们都是穷学生，如果刊物第一期销路不好，就不一定有力量出第二期了。”鲁迅先生风趣而又严肃地说："要刊物销路好也很容易，你们可以写文章骂我，骂我的刊物也会销路好的。"

1934年，《人世间》杂志开辟了"作家访问记"的专栏，并配合刊出接受采访的作家的肖像。该杂志的编辑写信给鲁迅先生，要求应允前去采访，并以书房为背景拍一张照片，再拍一张鲁迅先生与许广平、周海婴的合照。

鲁迅写了一封十分幽默的信予以拒绝："作家之名颇美，昔不自重，曾以为不妨滥竽其例。近来悄悄醒悟，已羞言之。头脑里并无思想，寓中亦无书斋，'夫人及公子'更与文坛无涉，雅命三种，皆不敢承。倘先生他日另作"伪作家小传"时，当罗列图书，摆起架子，扫地欢迎也。"

可能鲁迅先生在很多人的心目中是冷峻而严肃的。听到鲁迅先生这个名字，总会想起很多词语：深邃、沉重、倔强、勇敢、有毅力……诚然，这些都是鲁迅先生的性格特征，但绝不是他的全部，鲁迅先生还是一个全身被幽默感充斥着的人。他的幽默不是哗众取宠、一笑了之，而是一种从骨髓里溢露出来的世事洞明、人情练达和犀利深刻。他通过恰到好处的自嘲，在拒绝对方请求的同时，让被拒绝者的尴尬变成了笑声，在笑声中展现出了他非凡的智慧和人格魅力。

1.盛情难却时，帮你巧妙回答

亲戚、朋友或者同事有事求你帮忙，囿于种种原因你不能帮忙。这时，你如果能够运用自嘲的语言，既能表达自己的拒绝意图，又不至于伤害了你们之间的感情，避免尴尬局面的出现。

有一次，和美国前总统林肯关系非常要好的一位报界友人邀请林肯到一个编辑大会上发言，林肯并没有做过编辑，对编辑工作一无所知，所以出席这样的会议肯定是不合适的。但是直接拒绝友人又不太好，于是林肯给他的这位朋友讲了一个这样的小故事：“有一次，我在森林里遇到一个骑马的妇女，我停下来让路，可是她也停下来，目不转睛地盯着我看。她说：‘我现在才相信你是我见过的最丑的人。’我说：‘您大概讲对了，可是我又有什么办法呢？’她说：‘是的，你生了这副丑相是无法改变的，但你还是可以待在家里不出来嘛！’”友人不禁为林肯幽默的“自嘲”而哑然失笑，同时也明白了林肯的意思，于是就不再勉为其难。

2.谈判陷入僵局时，帮你以退为进

有一个时期，前苏联与挪威曾经就购买挪威鲱鱼进行了长时间的谈判。深知贸易谈判诀窍的挪威人，卖价高得出奇。前苏联的谈判代表与挪威人进行了艰苦的讨价还价，挪威人就是坚持不让步。谈判进行了一轮又一轮，代表换了一个又一个，仍然没有结果。后来，前苏联大使柯伦泰使用了幽默的拒绝法赢得了谈判的成功。

她对挪威人说：“好吧！我同意你们提出的价格，如果我国政府不同意这个价格，我愿意用自己的工资来支付差额。但是，这自然要分期付款，可能要我支付一辈子。”

挪威的绅士们从来没有遇到过如此高明的谈判对手，堂堂绅士能把一位女士逼到这种地步吗？因此，在忍不住一笑之后，就一致同意将鲱鱼的价格降到最低标准。而柯伦泰用幽默的手段完成了她的前任们历尽艰难也没有完成的谈判。

由此可见，谈判陷入僵局，双方难以达成一致意见时，如果恰当地运用自嘲，就能以退为进，收到意想不到的效果。

又如，某蔬菜公司一位副科长到外地调运蔬菜，卖方想趁机捞一把，因而报价很高，双方的谈判眼看就要搁浅，这让副科长心急如焚。然而，为了稳住对方，他摆出一副无可奈何的样子自嘲道："其实，你们把我给看高了，我只不过是个小科长，还是个副的，手里能有多大的权力？再说，天气这么热，我花大价钱办一笔赔本的买卖，这个责任我担当得起吗？"他这一番"自嘲"既表明了自己在价格上的态度，又让对方感到在价格上使他让步是强人所难。于是，卖方不再坚持自己的要价，双方顺利地完成了交易。

3.面对挑衅时，帮你有力攻击

面对别人的挑衅，当你出于一些因素的考虑，不便于公开直接回击时，幽默风趣的"自嘲"会是你一件反击的利器。它会让你以退为进，在无声无息中表明你的立场和态度，有力给对方以回击。

20世纪50年代初，美国前总统杜鲁门接见傲慢的麦克阿瑟将军。在会面中，麦克阿瑟拿出烟斗，装上烟丝，然后把烟斗叼在嘴里，取出火柴。当他准备划火柴点烟时，才停下来，对杜鲁门说："我抽烟，你不会介意吧？"显然，在他已经做好抽烟准备的情况下，这不是在真心征求意见，如果杜鲁门说介意，那就会失风度。面对这种挑衅，杜鲁门看了一眼麦克阿瑟，说："抽吧，将军。别人喷到我脸上的烟雾，要比任何一个美国人脸上的烟雾都多。"这时，傲慢的麦克阿瑟慢慢地把火柴放回了火柴盒，取下嘴里的烟斗放在了桌子上。

杜鲁门一句"抽吧，将军。别人喷到我脸上的烟雾，要比任何一个美国人脸上的烟雾都多"，言下之意"我是美国总统，没有任何人敢随便在我面前抽烟，也只有你傲慢的麦克阿瑟能提出这样无理的要求吧！"在总统自嘲之后，傲慢的麦克阿瑟将军也不得不收起傲慢的姿态。

对无关的话语不反对不赞成

在催眠术里有一种方法，是先向对方问出一定会回答"是"的问题。要在对方连连称"是"的当儿，使对方在无意识中形成想以肯定的方式来聆听催眠者的话的心理准备。催眠者是想利用它来导致催眠状态。这种心理准备称为"心理组合"，在这里，重要的是一旦心理被组合于某个方向之后，就很难察觉还有别的方向。

推销员或保险业务员等当然对此技巧十分擅长。他们的话都是从乍听之下与工作没有关系的地方开始的。“今天天气不错”这种节令性寒暄，其实多半含有为了从客户引出“是”而设计的提问。客户会在没有什么戒备之心的情况下回答“是”。这便是他们笼络客户心理的计策。

美国电机推销员哈里森，就曾讲了一件他亲身经历的有趣的事：

有一次，他到一家新客户的公司去拜访，准备说服他们再购买几台新式电机。不料，刚踏进公司的大门，便挨了当头一棒。

“哈里森，你又来推销你那些破烂了！你不要做梦了，我们再也不会买你那些玩意儿了！”总工程师恼怒地说。

经哈里森了解，事情原来是这样的：总工程师昨天到车间去检查，用手摸了一下前不久哈里森推销给他们的电机，感到很烫手，便断定哈里森推销的电机质量太差。因而拒绝哈里森今日的拜访，推销更是无门啦！

哈里森冷静考虑了一下，认为如果硬碰硬地与对方辩论电机的质量，肯定于事无补。他便采取了另外一种战术，于是发生了以下的对话：

“好吧，斯宾斯先生！我完全同意你的立场，假如电机发热过高，别说买新的，就是已经买了的也得退货，你说是吗？”

“是的。”

“当然，任何电机工作时都会有一定程度的发热，只是发热不应超过全国电工协会所规定的标准，你说是吗？”

“是的。”

“按国家技术标准，电机的温度可比室内温度高出42℃，是这样的吧？”

“是的。但是你们的电机温度比这高出许多，喏，昨天差点儿把我的手都烫伤了！”

“请稍等一下。请问你们车间里的温度是多少？”

“大约24℃。”

“好极了！车间是24℃，加上应有的42℃的升温，共计66℃左右。请问，如果你把手放进66℃的水里会不会被烫伤呢？”

“那——是完全可能的。”

“那么，请你以后千万不要去摸电机了。不过，我们的产品质量，你们完全可以放心，绝对没有问题。”结果，哈里森又做成了一笔买卖。

哈里森的成功，除了因为他的电机质量的确不错以外，他还利用了人们心理上的微妙的变化。

当一个人在说话时，如果一开始就说出一连串的“是”字来，就会使整个身心趋向肯定的一面。这时全身呈放松状态，容易造成和谐的谈话气氛，也容易放弃自己原来的偏见，转而同意对方的意见。

美国著名的保险业务员约翰·科尔兹也说：“当客人对我们发出的五个或六个问题有了回应时，你可以认定有八九成的成功机会了。”从无关痛痒的质问引出客人的“是”，在客人心中装配好“心理组合”，以便他们对最终目的说出“是”来。为对付这个情况，对于似乎毫无关系的话，也绝对不说“是”。不妨牢记“沉默是金”的警示，并执行到位。或者，对于“今天天气不错”的问题，可以拿这样的回答来支吾过去：“天气预报好像说会下阵雨呢！”总而言之，让对方有意建立的“是”的心理组合，无法如愿。

反过来说，我们也可以建立不说“是”的心理组合。要坚持“不”时，对于即使没有关系的话也不说“是”。采取这个方法，也许会使对方听了不舒服，觉得是一种讽刺，但是，面对试图说服的人，要断然拒绝，这是非常奏效的方法。

夸张地说“是”就是表示拒绝

唐朝诗人李白在诗中写道：“白发三千丈，缘愁似个长。”天下哪有三千丈的白发，这只是夸张的说法。

夸张是故意夸大或缩小表述对象的实际情况，突出其某种特征或品性的一种修辞手法。比如，“他们看见那些受人尊敬的小财东，往往垂着一尺长的涎水。”这是一种增大的夸张。“一个浑身黑色的人，站在老栓面前，眼光正像两把刀，刺得老栓缩小了一半。”这是一种缩小的夸张，并且先用比喻，再用夸张。除此之外，还有一种称“超前”的夸张，比如，“憨老汉真是饿极了，那位大嫂刚把一碗黑面端进来，他接住，嘴还没沾上碗边，半碗黑面早就咽下肚了。”

夸张能够使得表述对象的某种特征更突出。夸张必须和事实有较大差距，往往是不可能的事，夸张并不是希望人相信所说的是事实，而是处于情理之外，又在情理之中。其实，夸张的功用不仅局限于文学领域，在人际交流沟通中，有时候故意使用夸张的表述往往有助于使事态朝着对自己有益的方向发展。

如果你想称赞对方冰雪聪明，可以说：“你是个充满智慧的人。”然而，一旦将此话予以夸大的表述，说成“你简直是个充满智慧的人”，对方会觉得你在对他进行讽刺和挖苦，从而面露不悦之色。凡事都是“过犹不及”，过分夸张地遣词用语，往往表达着和那些语句相反的意思。

当欧洲就要进入第二次世界大战的时候，英国某政治家，忧虑一天比一天沉重地压在英国上面的纳粹德国的威胁，对当时的首相温士顿·丘吉尔这样说道：“这简直是绝望的情况吧，你意下如何呢？”以倔强闻名的丘吉尔，原想一口加以否认，但这样似乎无法解除对方的忧虑，于是乎，这样回答对方：“真是无可言喻的绝望呀，我竟然觉得年轻了20岁！”

丘吉尔在对方的“绝望”之上，冠以“无可言喻”的夸大了的形容，强烈地否定了绝望。当你想要表示拒绝之意时，运用此招很能发挥功效。

想拒绝时，就不要提对方的名字

名字，对于一个人来说，是任何语言中最甜蜜、最重要的声音。名字，是身份与自尊的象征。人性的本能告诉我们，记得我们名字的人，一定是尊敬我们的。名字里所蕴含的奇迹，完全取决于我们交往的人，没有人可以取代。名字使人出众，使人在许多人中显得独立。

如果你想与一个不太熟悉的人早一点儿建立亲密关系，记住对方的名字，并把它叫出来是个不错的选择。如此一来，可以很快地拉近和对方的心理距离，进而把自己所想的事情轻松地说出来。比如，在某次派对中，你遇到了一位比自己年长的男性，选择一个恰当的时机将“某某先生”改称为“某兄”，则能大增社交效果。也就是说，我们所做的要求和我们要传递的信息，只要从名字与称呼着手，往往能达到事半功倍的效果。

“早安，您是……”男推销员说着，一边友善而爽快地伸出手来。这样一来，秘书也不好意思不报出自己的名字来。

“你好，我是张旭娟，”秘书一边回答，一边跟男推销员握手，“我有什么地方可以效劳吗？”

“是啊，您一定能帮得上忙，张女士。”年轻的男推销员重复了秘书的名字，轻快地说道，“我们公司刚刚派我接管这个地区的业务，我想勤快一些，亲自拜访所有顾客。虽然今天早上我没有先约好时间，但是，如果您能让杨先生抽出一点儿时间来，我保证不会逗留太久，不会耽误杨先生其他的事情。”

从心理学分析，这位年轻的男推销员的高明之处在于，在起初就先听好并记住对方的名字，这对他来说是最重要的。然后他重复说出对方的名字，是为了强调对方名字的重要性。接着又说：“是啊，您一定能帮得上忙。”这样一来，就以很微妙的手法，让张女士负起责任，因为张女士本来就在问，有没有什么地方可以效劳的。于是，张女士被引向他这边来。

接着，男推销员又用“勤快”和“亲自”这两个字眼，来表示必须要见杨先生，并且进一步把张女士拉进这个事件中。最后，男推销员又说，如果“您”能让杨先生抽出一点儿时间来，这就显得，是张女士个人给予他的恩惠。男推销员还说，“我保证”不会逗留得太久，这样一来，张女士就不用担心会不会因为这个没有事先约好时间的访客而打扰到老板。

先听好对方名字，然后重复说出对方的名字对拉近彼此心理距离的作用由此可见一斑。通常情况下，见一次面就能记住别人名字的人，常容易与他人接近，因此，在交谈中不断称呼别人名字，并冠之以“兄”“先生”“姐”“女士”等词语，容易产生亲近感。那么，我们如何把这件事运用到说“不”的场合呢？鉴于与对方之间的心理距离越近，越难说“不”，所以，当你想对对方说“不”时，便应杜绝这种亲密的表示，即对方的名字一概不提，这样会无形中拉大与对方的心理距离，因此较容易把“不”字说出口。即便是对方为了引出你的“是”而连连称呼你的名字，你也绝对不可提到对方的名字。

稍加观察，便会发现初次见面的企业界人士都有交换名片的习惯。而绝大多数的人都把接受的名片放在面前说话。这种做法除了是一种礼貌，还能使一方在交谈中能叫出另一方的名字，进而使沟通更为顺利。所以，如果你想要与对方说“不”，就不要交换名片，或者即使收到名片也不去当场仔细过目。常常看见一些人把收到的名片立刻放进口袋或者表现出一副不太情愿的样子，也算是一种“不”的沉默表示了。

此外，如果使用“你们”之类的非固有名称的称呼来替代名字，则对于保持和对方之间的心理距离应该更加有效。因为这种非固有名称的字眼，表示你没有把对方承认为一个人。

多余的敬语，会拉大心理的间隔

避免与对方套近乎，而是给人一种最好对你“敬而远之”的感觉，比较容易把“不”说出来。即便是对方试图与你套近乎，你也要保持头脑清醒，以免做了感情的俘虏，给对方可乘之机。现在的问题是，我们如何才能给人一种“敬而远之”的感觉呢？不妨过度使用一些敬语。过度、多余的敬语可以有效地帮助我们传达“不”的愿望和信息。

有位常年从事房地产交易的人说，生意能否谈成，可以从客人看过房屋后打来的电话里得知一个大概。

大部分客人在看过房屋之后，会留下一句“我会用电话和你联系”，然后回去。不多久，他们就打来电话了。从电话的语气中，可以明了客人的心意。

若是有希望的回答，那语气一定是亲密的，然而一开始就想拒绝的客人，则多半会使用敬语，说得彬彬有礼。

根据多年的经验，这位房地产经营老手一下子就能判断出交易的大概结果。

据说在法院的离婚判决席上出现的夫妻，很多都会连连发出敬语，好像彼此都很陌生似的。这也是想用敬语来设置彼此间的心理距离，互相在拒绝着对方的表现。

所以，当你想要对对方说“不”时，可以连连发出敬语，使对方产生“可能被拒绝”的预感，并形成对于你说“不”的心理准备。

一年夏天，袁小姐在法国乘坐地铁时偶然遇见两个女子。只听一方向另一方抱怨：“嫁给一个法国人真是郁闷。被带到他的本家去，介绍我是他老婆，但是他爸爸妈妈对他用tu或toi交谈，对我则一直用vous，已经拜访过几次了，始终是这种情况。”

顺便说明一下，在法文里第二人称单数的代名词有两种。同样是外国语，英文只有You，而法文则对亲密的人用tu（toi），对其他的人则用vous，两者有别，能够显示出说话人与被指称者亲密度。

不难看出，那名女子从丈夫本家的人所使用的敬语里，感受到自己被当做外人看待了。难怪她郁闷不已。

运用巧问反诘法间接地拒绝

反诘拒绝法是一种相对比较强硬的拒绝、反抗方法，如果使用得当，可以让我们迅速从不快的局面中脱身。但正因为它让人无从辩驳的特性，也很容易使我们陷入一逞口舌之快的误区，使彼此之间结下心结。因此在使用的时候，一定要区分情况，而且说话注意点到为止——让对方知道你的不快即可，切忌将拒绝升级为口水大战。

在谈判的过程中，并不能一味地妥协，有些时候则要求我们不得不说“不”！当然，这个“不”字只要运用得恰到好处，对我们的谈判战略是有利的，可以保护我们的利益不受侵害。一次次的实践表明，我们完全可以通过提问在谈判中将“不”说出口，进而对别人的要求有效地加以拒绝，与此同时，也不至于把彼此的关系推向恶化的边缘。

在一次中美关于某种工业加工机械的贸易谈判中，当中方代表面对美方代表高得出奇的报价的时候，便巧妙地采用了提问题的方法来加以拒绝。中方主谈一共提出了四个问题：

（1）不知贵国生产此类产品的公司一共有几家？

（2）不知贵公司的产品价格高于贵国某某牌的依据是什么？

（3）不知世界上生产此类产品的公司一共有几家？

（4）不知贵公司的产品价格高于某某牌（世界名牌）的依据又是什么？

上述问题使美方代表十分吃惊，他们不便回答也无法回答这些问题，因为他们明白自己报的价格确实是太高了，最后设法自找台阶，把价格大幅度地降了下来。

某国领导人举行记者招待会，一位西方记者问：“总统先生，你刚才说贵国已经是独立自主的国家，而不是别国的附属国。请问，你说的‘别国’是指谁？”这位领导人的应变能力超强，他立刻回答：“所有在座的人都明白这个别国是谁，你也明白，是不是？”

这位领导人采取的正是提问题的方法，从而巧妙地回绝了记者的刁难。在人际交流沟通过程中，遇到类似问题的时候，不妨试试此招。

1.试着将欠妥的“问答题”改为“选择题”

下面是一个被管理界引用多年的经典案例。

你有没有遇到过以下的情形：你的一位员工在公司办公室的走廊与你不期而遇，员工忙停下脚步：“哎呀，老板，好不容易碰上你了。有一个问题，我一直想向你请示一下该怎么办。”

接下来，他如此这般将问题汇报一番。尽管你有事在身，但还是不太好意思让这位急切想把事情办好的员工失望。你非常认真地听着，可实际上你也是心急如焚，因为你也有很重要的事务要处理。

几分钟后，你看了看手表：“噢，不好意思，我现在正有急事处理。这个问题，看来我一时半会儿答复不了你。这样吧！让我考虑一下，过两天再给你回复好不好？”你赶忙离开，不知不觉中也背上了一个重重的心理包袱。

两天后，员工如约打来电话：“老板，前两天向你请示的问题，你看我该怎么办？”忙乱中，你想了一下，才记起他讲的是哪一件事。“哦，实在不好意思。这两天我特别忙，还没有顾得上考虑这个问题，你再过几天来看看，好吗？”“没有问题，没有问题。”员工非常能体谅你。

一周之后，你又接到他的电话。不等他开口，你已经感到十分歉意，并再一次请求员工“宽限”几日……此刻，你似乎有些焦头烂额，因为现在你的内心已满是内疚，你不知不觉已成为问题的真正中心……

这里提供一个巧妙的应对策略，即，不要“问答题”，而要“选择题”。事实上，只需要把上述案例稍微修改一下。

有一天，你的一位员工在公司办公室的走廊里与你不期而遇，员工忙停下脚步：“哎呀，老板，好不容易终于碰上你了。有一个问题，我一直想向你请示该怎么办。”接下来，他如此这般将问题汇报一番……

你一直在认真倾听，并不时点头，几分钟后，你对他说这是一个非常不错的问题，很想先听听他的意见，并问：“你觉得该怎么办？”

“老板，我就是因为想不出办法，才不得不向你求援的呀。”

“不会吧，你一定能找到更好的方法，”你看了看手表，“这样吧，这件事我一时半会儿也拿不出更好的主意，我现在正好有急事，不如这样，明天下午四点后我有一点点空，到时你先拿几个解决方案来一起讨论讨论。”

第二天，员工如约前来。从他的表情看得出，他似乎胸有成竹：“老板，按照你的指点，我们已有了五个觉得都还可以的方案，只是不知道哪一个更好，现在就是请您拍板了。”

2.如果问题柔中带刺，易让提要求者主动放弃

生物学家巴斯德，在一次实验室工作时，突然一个男子闯进来，指责他诱骗了自己的老婆。争论中双方提出决斗。清白占理的巴斯德完全可以将对方赶出门去，或者奋起决斗，但是那样并不能解决问题，甚至会造成两败俱伤的恶果。面对这种情景，巴斯德是这样对男子的决斗提议说“不”的。

只见巴斯德沉着地说：“我是无辜的……如果你非要决斗，我就有权选择武器。”对方同意了。巴斯德指着面前的两只烧杯说：“你看这两只烧杯，一只有天花病毒，一只有净水。你先选择一瓶子喝掉，我再喝余下的一瓶，这该可以了吧？”那男子怔住了，他一下子陷于难解的死结面前，只得停止争论与挑战，尴

尬地退出了实验室。

该男子之所以最终主动放弃了先前的要求，无疑正是巴斯德提出的柔中带刺的难题所致。在现实生活中，面对他人无理的要求或不想接受的任务时，我们也可以用这种方法说“不”。

无声拒绝，让别人心领神会

用态度传达拒绝信号

在现实生活中，我们常常要面对不能不拒绝的情景。这时，就势必得思索该怎样把“不”说出口。其实，可以传情达意的，并不仅仅局限于我们的口头语言。由于以态度表示的“不”，早在说话双方相对面的瞬间，早在发出口头语言之前就已经开始。所以，很多时候，借用态度传达“不”的信号，能够同口头语言一样传达出“不”的信号，甚至能起到比口头语言更令人满意的效果。因此，我们说，学会用特定的态度表达自己是学会拒绝的必修课。

日军占领上海后，梅兰芳闭门谢客，过起了隐居生活。1942年，日本帝国主义为了粉饰太平，妄图把梅兰芳请出来，率领剧团赴南京、长春、东京等地巡回演出，梅兰芳以牙痛为由婉言谢绝。此后，他不再刮脸了。不几天，就留起了小胡子，对外称自己“上了年纪，嗓子坏了，早已退出舞台”。

国民党亲日派首领、大汉奸汪精卫，在南京成立伪国民政府后，特务头子吴世宝提出要宴请梅兰芳，并劝说梅兰芳进行一次慰问演出。第二天，闻听日本人要来，梅兰芳吩咐儿子从抽屉里拿出一支四联防疫针，找出针筒，注射针药。不一会儿梅兰芳真的开始发起高烧来了。日本人派军医来检查，摸了梅兰芳滚烫的额头，经测试高烧42度，他们这才放弃原来的打算，无奈地摇着头走了。

梅兰芳说“不”的故事表明，一个人除了口头语言之外，态度所散发出的信息，也可以无意识地被他人接受，并作为判断自己是否被拒绝的标准。因此，如果你想说“不”，你大可不必开口说出“不”，而有意识地、巧妙地用态度表示“不”，便可充分传达你的拒绝之意了。这样，既可避免难以开口的事发生，也不必给对方不愉快的感觉。毕竟，人与人之间的交流与沟通，并不仅仅依靠对话。智者大都懂得态度在这件事上占有极其巨大的分量。

接下来再看看鲁迅先生是如何对以貌取人的行为说“不”的。

有一天，鲁迅先生穿着一件破旧的衣服上理发院去理发。理发师见他穿着很随便，而且看起来很肮脏，觉得他好像是个乞丐，就随随便便地给他剪了头发。理了发后，鲁迅先生从口袋里胡乱抓了一把钱交给理发师，便头也不回地走了。理发师仔细一数，发现他多给了好多钱，简直乐开了花。

一个多月后，鲁迅先生又来理发了。理发师认出他就是上回多给了钱的顾客，因此对他十分客气，很小心地给他理发，还一直问他的意见，直到鲁迅先生感到满意为止。谁知道付钱时，鲁迅先生却很认真地把钱数了又数，一个铜板也不多给。理发师觉得很奇怪，便问他为什么。鲁迅先生笑着说：“先生，上回你胡乱地给我剪头发，我就胡乱地付钱给你。这次你很认真地给我剪，所以我就很认真地付钱给你！”

理发师听了觉得很惭愧，连忙向鲁迅先生道歉。

虽然说态度是表达意思的一种雄辩语言，但它有一个困难点，就是比起文学或声音的语言来，不太容易把“程度”表达得恰到好处。若只作为口头话语的辅助手段来用，并不需要太多的要求，然而，它却很难表达拒绝或亲密的程度。所以，我们有时候就需要这么做：开始时轻微地表示否定的态度，这样还不见效，再进一步表示更强烈的拒绝姿态。

不妨应用美国加州大学罗彼特·索玛的实验结果。依照他的说法，当一个人被侵犯时，大致上会以下述两个阶段发出否定性身体语言。

首先，摇晃上半身，游动脚部，用脚尖踏拍地板——这些动作是属于第一个阶段，它在预告：“你太靠近，我会坐立不安”。

其次，第二个阶段是：闭上眼睛，收起下巴，弓弯背部，用这些动作来表示“你在这里会妨碍我。你已侵入我的领域”。当然，最后是离开现场走入不受侵犯的安全地带的动作。

这样看来，尽是和我们日常的动作脱不了关系的，也正因为这样，所以才会变成广泛的一般动作。对于缠住你不放的请求者，不妨先摇晃你的脚，或用脚尖踏拍地板，接着闭上眼睛，收起下巴——用这样两个阶段的“战术”让他主动“撤退”吧。

当然，如果你实在是有不得已的苦衷时，倘若能委婉地说明，以委婉的态度把“不”说出口，别人还是会感动于你的诚恳的。

将拒绝的态度进行到底

很多人都觉得说“不”是一件相当难以启齿的事情。面对请求者那乞求的眼神，人情义理，当自己说出“不”时对方可能会感受到挫折感……一开始想到这些后果，原先想说“不”的念头，也会动摇起来。有时候，由于这些想法的无形驱使，竟然把原非本意的“是”脱口而出，以致追悔莫及。

为了不招致这样的失败，始终一致贯彻“不”的意志，得从外面用“不”的动作来予以加强。我们常从孩子身上看到这种现象：本来并不伤心，但为了引起父母的注意，假装哭泣，结果真的流出了眼泪。以手掩眼，发出像哭一样的声音，就构成哭的架势，如此一来，感情伴随而生。

美国的心理学家威廉·杰姆士说：“感情能以动作的调整，予以间接地调整。当你失去快乐时，最好的恢复快乐的方法，便是装成快乐的样子行动、说话。”提倡给人的身体以刺激，身体便能产生反射性的变化，引发悲伤或欢喜的感情。同理，我们拒绝他人的意志，也会因采取拒绝的态度而被唤起或得到强化。简而言之，即如果想贯彻“不”的意思时，最好继续拒绝的态度以巩固说“不”的意志。

下面的策略可以帮助我们一旦说“不”就坚持到底。请选出你下次需要说“不”时打算使用的方式和策略，并坚持你的决定。在你努力成长为说“不”的主人的过程中，请经常复习以下50条策略。这些策略是美国会议及管理要点培训公司创始人简娜·柯普提供给我们的，非常值得一试。

（1）在说出你的决定之前，给自己一些思考时间。清楚自己做出这个决定的原因将帮助你坚持自己的决定。

（2）要求一些仔细考虑请求的时间。然后运用“说‘不’的能力模型”弄清你说“不”的原因。这样做将增加你对“不”的回答的自信心。

（3）再次做说“不”的测试题看看你提高了多少。继续用那些有用的策略，尝试用新的方法克服那些脆弱的时刻的心理困难。

（4）说“不”之后，离开当时的情境。

（5）找到一个不但能够不断提醒你为什么说“不”，而且帮助你继续说“不”的同盟者。

（6）从简单的练习开始。对什么说“不”最容易？从那里开始，本周每天都对这件事情或活动说“不”。也许对第二份食物说“不”最容易。你可以从对在杂货店冲动购物的行为说“不”开始，也可以从对仅仅因为便宜而买那些甩卖的T恤说“不”开始。

（7）坚持你的立场。字面意思是双脚分开，与肩同宽，坚定地站立。深吸一口气，心平气和地呼吸。倾听他人，你可以发现“不”是否是最好的回答。当你发现“不”就是你想要的回答的时候，请说“不”。在你知道自己的决定被对方理解之前，请保持原来的站姿，继续深呼吸。

（8）用“不”字设定保护你自己、你的家人、朋友以及其他人的界限。当你专注于保护那些对你重要的人的时候，你就更可能坚持自己的决定。

（9）用“不”字设定保护你的时间、精力以及财产的界限。

（10）保持诚实。如果在拥有资料的基础上得出了尽可能好的决定，“不”就是一个正直的、符合伦理道德的回答。承认这一点有助于你坚持自己的决定。

（11）把“不”放在你的回答的开始位置。

（12）懂得“不”很少与“是”一样受欢迎。

（13）把“不”的一切责任归于自己。不要责备别人，不要指责别人，或者把责任转嫁给别人。你已经说了“不”，你可以证明你为什么说“不”，你知道说“不”的结果。因此，要承认你自己说了“不”，并为之承担责任。

（14）为它承担责任。换句话说，你自己选择说“不”，而且有权利说“不”，所以你自己要为之承担责任。

（15）停止自责。一旦你说过“不”，要为之承担责任。事情可能变坏，或者你可以改变主意。不要对自己太苛刻，而要多做观察。人际关系学讲师和教练雪利益尼·艾乐吉提出了以下观点：“不要认为你自己的决定错了，相反，要注意观察它所起的作用，你下次可以采取什么不同的办法，可以从中得到什么教训。”

（16）对你的判断有信心。如果你决定说“不”，相信你的决定并支持你的决定。

（17）记住伦理学作家大卫·吉尔的观点：“说‘不’的能力证明你确实做出了可靠的判断。”

（18）你不需要向任何人解释。你已经做出了决定，重要的是你知道其中的原因。

（19）记住自我防卫专家克里斯·肯特的话：“‘不’是一个完整的句子。”

（20）远离不利的交易。你说“不”，你这样做是因为你受到了不公的待遇。你应该得到公正的对待，恢复你的权利，并要求得到公正的对待。

（21）改变以警惕为开始的说“不”的习惯。既然你现在更加明白，你就可以更好地坚持你的决定。

（22）坚持你的决定，因为它经常比你说了别人要你说的话更有效。

（23）如果你觉得当面说“不”比较困难或者危险，你可以通过书面方式说“不”。

（24）有时对顾客、卖主以及供应商说“不”也不是一件坏事。因此，你一旦决定就要努力实现。你不但可以对那些你购买他们物品的人说“不”，而且可以对那些买你物品的人说“不”。

（25）相信自己，你有权说“不”。

（26）结果。在说“不”或“是”之前要考虑结果，也要为其他可能出现的结果做好准备。记住，如果情况改变，你可以要求得到更多的信息，重新做出决定。

（27）练习使用说“不”的能力模型。只有这样，当你需要时，你才能快速想起这些问题：目的、选项和资源、时间、情绪练习、权利和责任。知道你在做出决定之前尽可能多地收集信息，可以帮助你坚持自己的决定。

（28）要认识到当你在生活中学习如何说“不”的时候，其他人也在学习如何恰当地说“是”或“不”。

（29）独立思考。不要随波逐流，你要知道自己为什么做出这样的决定。如果你随波逐流，你就很容易变得犹豫不决。因为每当他人改变他们的决定，你最终也会改变你自己的决定。

（30）知道你的“不”顾及你的最大利益。这不仅可行，而且可以帮助你保护自己、保护你的时间和精力。

（31）考虑你的“不”是否顾及其他人的最大利益。如果如此，那么通过说“不”，你就给其他人提供了保护。

（32）尊敬。说“不”也是表示尊敬的一种方式。说“不”表示你尊敬自己和他人。

（33）正直诚实。在你知道自己不能够完成任务时说“不”是一种符合伦理道德的回答。

（34）自尊。在你受到不公的对待时，说“不”是一种恢复自尊的方式。

（35）绝不低估“不”的功能。

（36）明确你自己说“不”的意图。换言之，要清楚在说“不”后，你希望产生什么结果。

（37）说“不”能够锻炼强大的内心。

（38）学会用“不”并非表示你比别人更有权力。“不”是关于如何控制你自己的决策的问题。一旦你做出决定，就要坚持你的决定。

（39）说“不”是一种拒绝他人的方式。针对问题更易于坚持你的决定。

（40）请求别人帮助。在你觉得坚持决定有困难的时候寻求熟练的“不”的主人的帮助。

（41）每次需要时，要大声地说“不”。只想到说“不”是不够的，思考只是说“不”过程的一半。其他人读不懂你的心，因此要大声说“不”。

（42）利用“说‘不’的能力模型”防止你的“不”变成“是”。

（43）问问你自己为什么有必要对孩子说“不”，但是为什么不可以对成年人说“不”。

（44）不要再做犹豫不决者。不管你是不可靠的犹豫不决者还是犹豫不决者，都不要再犹豫不决了。如果你决定需要成为合理的犹豫不决者，你就要果断地做出决定，并且说到做到。

（45）考虑你为什么经常等到自己生气，感到压力，或者疲惫不堪的时候才说“不”。你为什么这样做？现在，你将如何停止？

（46）如果一个活动或请求不重要或不相关，请说“不”。

（47）如果请求的时间期限不符合实际或者不可协商，请说“不”。

（48）要有说“不”的勇气，并坚持它。

（49）你的“不”也可以给其他人带来说“不”时所需要的勇气。孩子们写过他们在说“不”的人身上所观察到的勇气。一位作家用下面的语言记录过关于教皇约翰·保罗二世在2003年的一篇演讲中谈到的勇气问题。这部分演讲的标题是：“对致人死亡的文化、自私自利、恐怖主义和军事冲突说‘不’的勇气”。演讲中还有这样一句话：“这就是我们需要做出选择的原因，只有这样，人类才有未来。因此，全世界的人们和他们的领导人必须时常有说‘不’的勇气。”

（50）记住“不”的功能。

用肢体语言做出拒绝的姿势

从一个人的表情、举止等肢体语言能够看出一个人的内心世界。聪明的人往往能从对方的一举一动，甚至一颦一笑中体察到对方的心理状态。现在，不妨把这种察言观色的技巧移用到说

“不”的艺术中来。

比如，一位男子在观看电视节目的时候，滔滔不绝地发表评论影射女友。这种情况下，女友便可以用适当的肢体语言来表示内心的不满，对这种影射行为说“不”。具体可以这样做：神情专注地欣赏电视节目表示无法分心听他的高论，或故意找些杂志翻阅，以转移视线表示两个人的兴趣不一致。逐渐地，男子就会因为自己的高谈阔论没有听众而就此住口。

又如，恋爱期间，有些感情炽热的男子往往难以控制自己的情感。目光或举止会有意无意地流露出某种企盼。聪明的女人通常是怎样对待这种过分的表示的呢？大声地说“不”予以斥责，显然容易伤害对方的感情；而任其所为又并非己愿。这种情况下，不妨用愤怒的目光注视他，或者板起面孔，做出一副冷漠的神情，他自然就会察觉你内心的不满，继而不敢动手动脚。

当你出门旅游的时候，无论是选择飞机，还是火车、汽车、轮船等交通工具，都有可能会遇上不少有趣的人，也可能跟邻座的旅客交谈一番。在旅途过程中，结交新朋友、聊聊天，是打发时间最好的办法。

当然，你也可以闭目养神、静静地翻翻书、听听音乐，等等，充分地享受独处的乐趣。这些不想理会别人的明显动作，可以清楚地传递“请勿打扰”的信息。你甚至可以塞上耳塞，表示不想跟人交谈。当对方问话，只做简短的回应，而且，也不主动问候对方，这些都表示你无心与人交谈。不过，有些情况，邻座旅客的话可能很多，一直很想跟你交谈。此时，你就要更明确地向对方表达不想再谈，以下是建议用词。

你想看书时：

“我很想聊天儿，但是，我更想在到达目的地之前，将手上的这本书阅读完毕。”

“我很想看这几个星期以来的杂志，让精神轻松一下，平常我很忙，没有这么多的时间，所以，很抱歉无法与你多谈。”

你想工作时：

“我希望你不介意，手边的这项工作截止日期快到了，我得赶工。”

“平常我很喜欢聊天儿，但是，目前还有一项工作，时间非常紧迫，我得加快速度！”

你想听音乐时：

“我不希望自己看起来很不友善，可是我确实有点儿累，想好好休息一下。”

“对不起，我有点儿困，想小睡片刻，听音乐能够帮我入眠。我现在无心聊天儿。”

你想安心看书、看杂志、听音乐不愿被干扰时，就要勇于对外界的干扰说“不”。这看似小事，但是，处理这些小事的方式却很重要。勇敢地说“不”，就会有不同的结果产生，能让你生活得更舒适、更愉快。

当你是消费者，勇于说“不”，买卖时你就能做主，才不会因为不好意思而买下不想要的东西，也才不会随着推销员的脉搏跳动。勇于说“不”，能让主控权回到你的手中。当有人干扰了你，你敢适时说“不”，就能重新获得宁静的生活环境；如果闷不吭声，只有不停地受气抱怨了，说得不好听一点儿，完全是咎由自取。

体态不佳的举止就是否定

曾有一部外国的电影，其中讲述的是一对感情已接近冰点的夫妻，演出了下面一场戏：

一个事业心极强而把妻子冷落在家的丈夫，责备妻子变心，并迫使其回心转意。妻子早已没有这个意思，但也许是对自己的出轨行为感到愧疚吧，不敢绝情地离丈夫而去。她一面听着丈夫越说越激动的话，一面拿一只手的拇指和食指用力按了一下双眉下凹陷的部位。这一动作是外国人疲倦时常做的动作。丈夫看到妻子这一举止，突然闭口沉默了。妻子看丈夫不再说话了，便喃喃地说：“对不起，没什么。”之后，丈夫单方面地驳斥又继续下去，不久她的那个动作再次出现。经过几次这种动作的重复后，丈夫便一言不发了。

我们谈论这些镜头有何用意呢？因为影片中妻子的动作和态度中隐含着用身体语言来表达拒绝的方式。

妻子自始至终都没有表示任何拒绝，只不过偶尔只言片语地应和着丈夫的激烈言辞。可是最后，丈夫却放弃了说服的念头，默默地退出了。这一定是她偶尔所做的那按眉毛下部的动作导致了这种结果。身体语言的研究者们认为，这种表示体况不佳的动作是对于交谈双方发出否定的信息。比如，转动脖子、用手帕擦拭双眼、按压眼睑、拍肩膀、揉压太阳穴以及上述按眉毛下部的一连串动作都是。

上述动作直接的用意是想消除身体的不悦感、疲劳感、倦怠感，同时，也可以说是在发出这样一个信息："你的话使我生理上疲劳，心理上倦怠，希望你早一点儿闭嘴。"又可以认为那是在要求改变话题或者加快说话的速度，至少，它是具有打断对方说话的效果的。此外，强调一点，当上述动作并非听者有意做出来时，会使说话者无从应付。

在上面的例子中，妻子一边做这个动作，一边说些表示歉意的话语。这里面有这样的意思："我本想好好听你说话，然而我的身体却违反我的意志，而在表示它的不愉快和无法适应。"即使是有意地使用这种动作，对方对于这种无言的拒绝也无计可施。

中断微笑使对方不安

在绝大多数人看来，微笑意味着无言的肯定。日本曾发行一本女性杂志，取名“微笑”。真是用心良苦。由于微笑是表示温柔、可爱、温顺等女性的象征，故很容易被女性读者所接受。微笑有两种心理上的意义：暗默中的了解——你所说的我很理解；认同意识的表现——你说得对，我赞成。在商场上，有微笑服务的提法。在人际关系中，当想要和对方亲近时，应设法面带微笑进行交流。如果对方也回报以微笑，交流就会融洽热烈。

郑华在一所乡镇中学任教，他总是对其他老师抱怨自己执教的班级课堂氛围过于沉闷，学生们上课不愿意主动回答问题。后来，校长请一位特级教师来上课，郑华在教室后面听课。这位老教师进课堂不到5分钟，就把课堂气氛营造得轰轰烈烈，学生们争先恐后地回答问题。下课后，这位特级教师告诉郑华：“你要面带微笑，微笑就是对学生的肯定和尊重。”

由此可知，微笑是使交流圆满进行的润滑剂。意大利著名画家达·芬奇给我们留下的“蒙娜丽莎”那永恒的微笑，数百年来一直扣人心弦，我们不得不佩服微笑的魅力。

既然微笑通常被视为容易亲近和安心感的象征，那么，在想要对他人说“不”的情境中，我们为何不反其道而用之呢？接下来，我们思考这样一个问题：“倘若微笑这个润滑剂突然停止供应，会给对方的心理带来什么样的影响呢？”

如果从微笑所具有的意义来说，则是表示“你的话我不是很赞成”“我和你不再是共同的伙伴了，因为想法不一致”的信号。换句话说，如果想停止和对方之间的交谈，只要把原来浮现在脸庞上的微笑中断就行了。这样做，对方往往会产生不安感，会不由自主地想：“我刚才滔滔不绝的话是不是被拒绝了？”

避免碰触对方递过来的物品

请问，你可曾在百货公司的现场促销等地方目睹过这样的场面：好奇地围拢过来的顾客们，起初只是远远地站着看。没过多长时间，促销者就说：“美女，请拿去看看！那边的先生，也拿一个！”然后把商品交给两三个顾客。于是，四周的顾客就争先恐后地奔向商品，各自拿起一个仔细地端详……

让顾客拿在手里观看的方法，其实是含有巧妙操纵心理的陷阱的。促销者的目的并不是让你确认商品的好坏，而是要让你接触商品，从而引起容易接受商品的心理状态。

换句话说，“触摸”是一种“亲密行为”，即便触摸的对象是物品，也能使对方产生容易接受它或周围状况的心理状态。当我们想对对方的言行举止说“不”时，接受的心理状态当然是禁忌。也就是说，如果你想说“不”时，就千万不要碰触对方递过来的物品。

很多推销员往往会拿推销商品或顾客原本无意购置的领带等让顾客试一试，顾客因受劝拿起来试试看，不知不觉已经决定购置了。当然，这也并不限于商品。接下来，我们看这样一个事例。

有一次，肖子涵前往并不十分乐意洽谈的客户那里。由于匆匆忙忙地换穿上衣，以致把口袋里的打火机、碳素笔等都遗忘在公司的办公桌抽屉里了。当和客户开始洽谈业务时，要核对文件、计算数字，都不得不使用对方递过来的碳素笔。打火机也是这样。因此，他感到一种无言的压迫，遂产生了一种难以拒绝对方的心理。

肖子涵的事例启示我们，不要碰触对方递过来的物品，可以防止无谓的亲密化。物品也和人一样，一经“触摸”也会产生“亲密感”，再想要拒绝就不容易了。

不妨背对着窗户就座

相信很多人都有过这样的经历：在小学或中学时代，班主任让你下课后去他（她）的办公室，听到这句话的时候，心情顿时变得既紧张又慌乱，甚至现在想起这种情景也会心跳加快。虽然知道不一定是班主任教训自己，但是要进那一扇门时心情就顿时凝固了似的。走进办公室，班主任和平日走廊上擦肩而过时的样子，简直是变了个人似的，一脸威严。

只不过是区区一间办公室，没想到能给人如此大的心理压力。学生踏入班主任办公室的感觉，似乎和公司的员工被喊到总经理室所产生的紧张感有相似之处。每逢踏入总经理室，心里很多想说的话一下子就说不出口了，请求批准遭到拒绝也缺乏反抗之心，这些都是只要曾在公司上班过的人都有过的经历吧。

无论是班主任办公室也好，总经理室也罢，之所以会让人产生一种压迫感，当然有来自班主任、总经理这种高职位的压力的缘故，然而，房间的构造本身也会压迫人的。一张大的办公桌，一叠一叠的文件以及其他物品摆设，这些都可以给人一种压力感。其中，最不可忽视的是对方背窗而坐的位置。这一点非常重要。

因为当人们背窗而坐时，玻璃具有冷冷的质感，似乎代表坐者坚强的意志。反之，面向窗户而立的人，他的视线朝向窗外，繁杂之物映入视线范围，使他无法集中注意力。据说，看不见外面的毛玻璃，由于那种不清晰的亮度，反会令面对窗户的人产生不安感。此外，还有上述背光的效果。员工的脸被窗外的光照到正面，而总经理的脸则背光成影，相对而言，其表情员工并不是很容易就能观察出来的。

有些美国人为了强调这种效果，会倾向于选择“角落的办公室”来做总经理室。所谓“角落的办公室”，是指一栋大厦的边角间。即被窗户和窗户包围的房间。这样，可以加倍背光的效果。而且，据说大多数的公司都把总经理室设在高楼上，这也是象征性地表示他完全地掌握了整个公司，有助于提高窗户的背光效果。

背着窗户就座的拒绝方法当然也适用于总经理和员工间的关系以外的情况。比如，要在办公室、大酒店或餐厅和请求之人相见的时候，如果你想拒绝对方的请求，就应尽快占据背窗的位置坐下来。这样，你就可以居于优势而将“不”脱口而出了。

从对方背后更容易拒绝

在饭店、酒吧等地方独自一人就餐的女士，无意间与邻座客人的视线相对后，往往吃饭动作容易变得生硬起来。平时说话滔滔不绝的人，一旦站在大众面前，就容易说话结结巴巴，甚至出现忘词儿、不知所云的现象。

总而言之，一个人只要意识到别人的视线，就会感到不安。在心理学上，以一个人站在舞台上会感受到的不安为代表，称之为“舞台恐惧症”。所谓的“舞台恐惧症”，就是害怕一个人站在舞台上，尤其是有追光灯，症状尤其显著，会出现出虚汗、脸发白等一系列虚脱前兆。站在一大群人的面前会出现紧张等现象，也是源自这种舞台恐惧症。

还有，除了有意识地望着别人的眼睛说话或倾听的时候之外，通常而言，一个人也会因视线的交错——即视线对视线的碰撞而引起不安的感觉。一般认为，以自然的状态交谈时，人总是习惯望着对方的眼睛说话。心理学家的研究发现，人们在倾听时有75%的时间在注视说话者，而在谈话时人们会有41%的时间在注视对方。而且，平均每次注视用时2.95秒，而实际视线的交错时间是1.1秒，仅占整个交谈时间的10%～30%而已。研究表明，在这个范围的目光交流是安全适度的。

英国心理学家麦凯尔·阿吉尔曾做过这样一个有趣的报告，那是针对一个人因和听众接触时的条件的差异，于是有不同程度的不安感而进行的调查。最为沉着的，第一是站在听众的背后时；第二是戴上墨镜时；第三是站在稍远的地方时；第四是普通的状态；第五，最感到不安的是戴上口罩时。

这就意味着，一个人当被别人注视时，而且是自己的眼睛被注视时，会产生不安感；当站在别人背后时，因自己的面部表情还有眼睛都未被看见，所以能处于最安定的心理状态；而戴上墨镜时次之，因为别人看不见自己的眼睛；戴上口罩居最后，则可能是由于只有眼睛被别人看见的原因。常听说外科医生的眼睛很具有权威性，大概也是因为口罩把眼睛强调出来的缘故。

此外，眼睛对上或者视线相对，还会令人有一种双方都在向对方积极采取主动的感觉。同时，正如所谓的“眼睛是心灵之窗”，两眼相对，意味着双方间积极的交流和接受。这件事，对于说“不”时具有重要意义。即说服的一方，当然热心地看着你的眼睛寻求碰上你的视线。他想借此透过眼睛把自己的要求送入你的心中。正如“注视”这句话代表着热心，你将因注视对方的眼睛，把自己暴露在可能接受对方谈话内容的危险中。所以，如果你想要说“不”时，应该尽量避免与对方的视线相接触。

综上所述，我们可以引申出如何把难以启齿的“不”说出来的智慧。不妨抓住一个机会，比如一面递茶给对方，一面从背后或旁边开口说“那件事实在有点儿……”如此一来，“不”就很容易脱口而出了。举个例子，如果要拒绝搓麻将的邀约，与其从正面，倒不如从背后拍一下对方的肩膀说：“今天很抱歉……”，这样，不但容易拒绝，也不会给对方不悦的感觉。从而，最大限度地利用了人的背部没有长眼睛的事实，来将你的“不”字说给对方听。

置身于对方目光可及的范围外

在运动场上，每当取得胜利的时候，队友们总爱拍拍手，甚至亲切拥抱，借此相互激励斗志，争取更大的胜利。而一旦出现失误时，队友则会悄悄拍拍你的肩膀，表示对你最真诚的谅解和安慰。

关于人的身体，尤其是女人的身体，有一个既美妙、又危险的秘密，那就是人对于“触身”的抵抗力很弱。身体稍一被触摸，就会不知不觉间立即和对方产生共同的感受。就会下意识的依恋和期待，尽管在理智上大脑里并没有对那个人有什么好感，但那是一种生理上的本能反应。尤其是女性，比男性更经不起“触身”。某演艺界的星探说过这样的话：“女孩子不是用说服的方式劝她走入演艺界的，要‘触’使她自动产生想走入演艺界的念头。”因“一触即发”而被迫答应的危险，女性占的比率较大。

业绩优秀的推销员的推销秘诀之一便是边介绍产品的特征，边轻触对方身体。举个例子，推销员一边说“这种衣服（可以是车子、玩具等物品）的特征是——美女……这个质地——请看看”，一边轻触女顾客的身体。当然，这种通过碰触对方身体赢得对方的共同感觉，进而成功地让对方说“是”的方法，并不仅仅局限于销售领域。这种方法在其他人际关系交流中同样适用。

当然，这种触摸要找准机会，选准场合，力求自然。碰触太用力会招人厌恶，而碰触太轻则对方没有什么感觉，自然也达不到理想的效果。无意识地、恰到好处地轻触对方身体，这是决定你目标是否实现的关键要素之一。

越是卓越的推销员，越是会寻找机会——从原先是面对面的位置转移到对方的旁侧去，这主要是为了增大触摸的机会。因此，为了顺利地对对方的要求说“不”，避免让对方碰触就成为重要的条件，即处于可能被触及的距离之外，从有利的位置谈话，才是说“不”的有效手段。这样做的目的是，不让触身效应有一丝发挥作用的机会。

有专家指出，人之所以经不起触摸，是缘于所谓的“印记”——动物（包括人类，人类是一种高级动物）与生俱来无法消除的体验。康拉特·劳伦兹，奥地利人，1973年诺贝尔生理医学奖得主，动物行为学的开山祖师，在他的著作《所罗门的指环》一书中谈到孵化出来蹒跚走路的小雁鸟，把当时最靠近的罗连兹视作母鸟，一直追随左右的例子。身为小雁鸟“妈妈”的罗连兹则必须每隔几分钟就得学母雁鸟叫上两声，即使夜里也得这样。所谓“印记”，指的是出生前一刻或刚刚出生时所获得的反应。

根据近年流行的学法，人类的印记是在母亲的胎内时获得的。比如，触身之所以变成印记，也是由于受胎期中，母亲经常抚摸自己的腹部，人便在胎儿时期就以身体铭记被抚摸的舒适感。而且，这种被“印”上的感觉，是具有不可逆性的。这种情形就好比是无法消除的文身一般，终其一生都受到缠住不放的强力支配。我们必须记住，把自己置身于对方触手可及的范围之内，便有可能陷入无法对对方要求说“不”的泥潭之中。如果打算拒绝对方，尽量置身于对方触手可及的范围之外。

亲近者在远处，疏远者在近处

有一种说法是：“和他交往要保持距离”“和他之间还有一段距离”。这除了用比喻的方式表示交往的亲密度之外，也同时表达了两者间的物理距离。这种距离的大小，可以表示主观上想侵犯对方身体领域的程度，从而能判断出他的一些内心想法，知道他想干什么。

比如，男女间的亲密度，也可依两人并行时的距离来推测一个大概。刚相识的一对恋人，是有旁人一眼就看得出的明显距离的，但是随着约会次数的增加，恋爱的感情萌芽之后，两人间几乎成为亲密状态了。一对以身相许、卿卿我我的恋人，即使在很宽阔的沙发里，他们必然也会靠近对方的身边坐下，这当然并不是没有足够的空间，而是反映了他们如胶似漆的心态。像这种情况，假如是你身边的一对情侣，如果你不想让人烦，你就识趣点儿，给别人留一点儿空间，走开。

又如，在大学的教室里，如果有学生想积极参与讨论，这些学生大多数会坐在教室前面的位置上，反之，有些学生不常来上课，占用上课的时间出去打工，他们一定会坐在教室后面的，对于本科目不感兴趣的人，也会选择坐在教室后面。

座位的物理距离表示着跟对方的心理距离。美国的文化人类学者荷尔博士，将日常生活中人与人的物理距离分为四类——密接距离、个体距离、社交距离、公共距离。这四种距离的空间范围分别为：0~0.5米、0.5~1.2米、1.2~3.5米、3.5~8.3米。理所当然，亲密度越低，距离就越大。

所谓“密接距离”，指的是爱情关系、亲友关系、孩童缠住双亲或兄姐的关系，其距离总是很贴近，一般以0.15~0.4米居多。这个距离，就是上述关系人彼此间所具有的距离，是别人不可侵犯的领域。人与人之间，依其所处之状况，自然而然有一定的彼此间的距离，比如工友间的距离当然密接，总经理和一般员工间的距离通常都比较疏远。

因此，有一种做法，就是有意地瓦解这种在社会上习惯化了的正常距离关系，以非正常化的方式加以使用，把人与人之间的关系也予以非正常化——即传达“不能接受”的心意。陌生人在1～1.5米之间，而朋友则在0.3米或0.5～1米之间。如果你更靠近些，则是表示敌意或者亲近。如果你拉开距离，你是在“说”你意识到对方在身旁，但是不愿意和他交流，自然，对对方的请求说“是”就更别提了。

一个关系亲密的人要拜托你一件难办的事情时，当然会采用“我们见面详细给你说”的方式。对方是想乘机建立亲密关系来让你入套，你必须反其道而行，用心理上、物理上都较远的电子邮件、短信、电话等方式说“不”。相反，总经理的命令，多半都会从远方的总经理室间接地传达下来的。这时，你若遇到无论如何也得说“不”的情形时，你不妨越过以往的社会距离，改取密接距离，直接走入总经理室去见他，把你之所以对命令说“不”的原因直接陈述给他。

人们对个人空间的需要随着心情而改变。比如，感到愤怒或压力很大时，个人空间会增大，通常情况下很舒服的距离也变得令人不安。个人空间也因文化的差异而不同。印度人、法国人、西班牙人、俄罗斯人和拉丁美洲人的个人空间通常要小于北美人的个人空间，喜欢与别人靠得更近一些。阿拉伯人实际上根本不需要个人空间。他们面对任何人都像我们对待亲近的人那样靠得

每个人都有自己的秘密空间。
与他人保持适当的距离，是最好的相处方式。

很近。对于他们来说，感受对方温润的呼吸是一种非常重要的交流方式。

一位电梯设备承包商向朋友抱怨道，无论是顾客，还是邻居，和他在一起时总是很烦躁，每次在他说话的时候都要往后退。于是他再向前靠近一点儿，希望跟对方保持合适的距离，可是对方又会再次后退，感觉就像他在满屋子追赶他们一样。他还补充说，即便每天刷4次牙也毫无作用。他说这话的时候，朋友也向后退了点距离，试图躲开他的“追赶”。朋友告诉他，他自己以为社交和商业上合适的距离对很多人来说，都已经是亲密距离了。经过有意识的训练，他最终学会了让自己站在距对方1.2米之外、让对方来决定站在哪儿。

也就是说，要有效地利用个人空间，不仅需要考虑你和别人的距离，你们的相对位置也是很重要的。当对方是小孩或者是坐下的时候，为了实现平等的、开诚布公的交流，你需要让自己和对方处于同一高度，而不要居高临下地俯视对方。

当他人有求于你，请你一起就餐的时候，如果你想说“是”，那么，同坐一桌的时候，你就可以和对方紧挨着坐，而不是坐对面，这样让人感觉更加亲近。当然，和对方面朝同一个方向，转过头来说话就更不好了。因此，这种空间位置更适用于说“不”的情况。

总之，你的姿态将“告诉”对方你愿不愿意和他交往，以及你对他说的话感不感兴趣，或者是持肯定还是否定的态度。

强势拒绝，你就赢了

做人不要太老实

俗话说，人善被人欺，马善被人骑。做人就是不能太老实了，不能太直率，不能太死板，而要左右逢源、八面玲珑。但是，人与人之间的交往说到底还是需要心与心之间的交流的。所以，我们在处事圆滑的同时，还要记住：为人诚实，诚信为本。试想一下，与一个不但在处事上圆滑，而且在为人上也虚伪的人长期交往，怎么能让人感觉到放心呢？这种人怎么能得到真正的朋友呢？

做人不能太老实，就是要做个处事灵活而心态成熟的人；就是要在人际交往中保持适度的弹性，把握说话的分寸，学会婉转和含糊，以保持平衡的人际关系；重视生活中的应酬，通过一些生活和工作的细节树立好的人缘；同时要与朋友进行真正有价值的交往，在日常生活中建立起深厚的友情。在工作当中，对不同类型的同事应采取不同的策略，还要让你的顶头上司了解和喜欢你，与上级保持良好的人际关系，以便于更好地开展工作。面对想要干的事，则既要执着，又要会变通，要学会保护自己的利益，明智地推脱掉与自己不相干的事。而且一定要为人善良，避免伤害别人。

我们常常感叹“有些事情对自己不公，有小人使坏”，是否想过可能是由于自己的过于“刚毅”而导致的人际紧张，或由于自己的缺乏变通而导致的处事僵硬？如果是这样的话，那么，我们是不是也有必要改变一下，不要太老实，做一个“圆滑”的人呢？

老实人的身上也有诸多缺点，如性格耿直、有话直说、不懂得迂回、眼睛里不揉沙子，等等，因此常常出力不讨好，更容易得罪人；老实人还爱钻牛角尖，凡事认死理，无论大事小事，非要分出个子丑寅卯来，所以给人的印象是难以合群；老实人喜欢退让，不善于主动去争取机会，只是被动地等候机遇从天而降……这些都有碍于老实人打开成功的人生局面。

所以，如果你是老实人，那么就应该让自己改变局面而扭转人生。老实人应该明白，一个人能否成大业，重要的不在于现在拥有了什么，而在于将来能做什么，即在于其所具有的潜能、综合素质等。

一位神仙老是抱怨财神，说：“财神真是一个嫌贫爱富的神仙，光给富人送财从不给穷人送，使天下的贫富差距越来越大。”财神很无奈地说：“这不怪我，这都是他们自己的命。有的人生来就是穷命，我给他他也不要。”那位神仙不信，说：“你把元宝送给穷人，我不信他不要。”两位神仙正说着，桥对面来了两个穷人。财神说：“我把两个元宝放在小桥中间，你看他们拾不拾。”于是，财神就在小桥中间放了两个元宝。那两个人刚走到桥头，一个穷人说：“甭看这桥窄，我闭着眼就能走过去。”另一个穷人说：“你能我也能。”于是，两个人打赌，都闭着眼过桥，谁睁眼谁输。两个都是老实人，谁也没有睁眼。走到桥中间时，一个元宝绊住了走在前面那个人的脚，他踢了一下，说：“谁把石头放在了桥中间？”财神把另一个元宝移到后面那个人脚前，这个人说：“哎呀，我也踢到了一块石头。”这样，那位神仙才信了财神的话。

这就是做人太老实的结果。其实，做人圆滑一点儿未必就是坏事。时代在发展，太老实的人在这个社会上很难立足。

做人如果太老实，在群体中就会处于一种不受重视的地位，没有什么实际影响力，也很难出类拔萃成为领导者。老实人的这种生存状况与其本身所具有的一些基本特性是分不开的。首先，老实人不善于表现自己，自己的优点与能力常常不为人所知，给人的印象很平常，所以很难引起他人的重视。其次，老实人不善于为自己的长远发展谋划和争取利益，实力跟不上。他们即使是有自己的看法也很难产生影响力，“有多强实力就有多大的发言权”，这是人类一切外交行为中最基本的一条定律。再次，老实人不懂得运用也没有掌握一定的技巧和手腕，在处理各种事情时总不成功。所以，做人不能太老实！

要怪的话，也只能怪这个世界变化太快，时间仅仅过了三四十年，老实人经历了大起大落的沧桑。在20世纪八九十年代，老实人还是“红人”，交朋友时，人们喜欢交老实的，姑娘找男朋友专挑老实的，公司招聘人才注重人的老实忠厚，老实人简直成了“金字招牌”。可现如今，老实人就不一样了，和当时

“待遇”差之千里，而且是越来越不受欢迎，老实被视为呆板、软弱、不自信、没魄力。迂腐、不会变通、不求进取等同义语压得老实人抬不起头来，喘不过气来。的确，一个人如果太老实，就会使自己陷入困苦的境地，他们不会主动去与别人交往，导致朋友圈子小，圈子小了就等于没有门路，办起事来就难了。老实人烦恼多，他们害怕自己有缺点，总怕别人笑话。他们天生有自卑的情结，过于看重自己的面子。用一句话可以形容他们——死要面子活受罪。做什么都怕出错，丢自己的面子，过于看重自己的缺点，进而贬低自己，抬高别人，爱发牢骚抱怨自己的命不好，他们的一生就在抱怨中度过了。

老实人总是消极地等待，很难成功；老实人经常吃亏，他们不懂如何保护自己；他们不去争名，更不会去抢利。生存手段匮乏让老实人难于在瞬息万变的竞争中立足。可以说老实人不坏，因为他们很少耍阴谋诡计去害人，但他们又谈不上优秀、成功。老实人是一个特殊的人群，他们有太多的缺陷。但老实人并不是一无是处，他们如果走出困境，克服缺点，最大限度发挥优点，还是可以慢慢适应社会的。

做人做事不要太老实了，许多时候，善意的谎言是必要的。任何事物都有其负面的影响，真话有时明显就有负面影响。善意的谎言不是地地道道的欺骗，而是以使别人快乐为目的。任何善意的谎言都有润滑作用，我们完全可以用它来保护自己或避免伤害别人。

一根铁棍无法撬开坚实的大锁，一把小巧的钥匙插进锁孔轻轻一转，就打开了。这是因为钥匙是最了解大锁的。

做人要有心机，没心机的人就像扛着榆木脑袋的木偶一样，生活缺乏自主，任凭别人安排和摆布。当然这里的心机不是害人之心，不是处心积虑算计别人之心，不是耍阴谋玩手段的欺诈之心。做人要光明磊落，心里容不下一丁点儿的阴霾，这样的人才是纯粹的人。相反，专门玩弄权术，坑蒙拐骗，这样的人最终会自食恶果。

做事多留一个心眼儿

“心眼儿”对一个人来说，有了并非就是坏事，没有才叫可悲。因为人际关系错综复杂，世态变化无常，你在做人做事方面不多动些脑子，不多想法子是很难处理好人际关系的，而“使点心眼儿”倒是可以帮你大忙。人们常用“使心眼儿”这样的字眼来形容某些人动机不单纯，善于使诈、耍手段，以至于“心眼儿”“心计”“心机”给人留下贬义的形象。“心眼儿”是一个成熟稳重的人必备的要素、必须注重的心理细节。

从古到今，有君子，也有小人。君子不多，小人却不少。一不小心就会被小人所陷害或者落入他们的圈套而被他们控制，甚至被人害了还不知怎么死的。因此，做事就要多留一个“心眼儿”，谨防小人的陷害。

有些人千防万防却还是躲不过小人的暗算，有些人不管在哪方面都做得很周全，还是躲不过小人的阴谋诡计。小人就是小人，不管你是谁，他都会在背后给你一枪。所以，在生活中我们要注意自己的言行举止，特别是在为人处事等方面要多留一个“心眼儿”，别中了别人的圈套。

关于为人处事，“人言可畏，人心当卫”这句话不管在什么时候用都不会过时，对现代的人们来说，依然有不小的教育意义。俗话说，“害人之心不可有，防人之心不可无”。的确如此，社会本身的特点就是利益与利益互相牵制，一些为达目的不择手段的人时刻在身边，对待他们除了小心做人外，还得多长个“心眼儿”才行。

李伟在大学期间结束第一份家教工作领取报酬时，对方给了他500元钱，由于是第一次赚钱，他心里很是兴奋，拿过钱转身就走。在回校的路上，想用这钱为室友们买一些礼物，一起分享第一次花自己赚来钱的滋味，在商店中却被老板告之是假币。李伟当时心里很难受，责怪自己粗心大意被人骗了，找对方理论也说不清楚。

当你兴高采烈，忘乎所以的时候，也是小人乘虚而入的时候。所以，我们不管在什么时候，都不应该得意忘形，要谨慎做事，时刻保持清醒的头脑，这样方能取得最后的成功。

在工作中，如果你的上司对你有这样那样的看法，那可要小心应付了。碰到气量小的上司，不妨行事说话都更谨慎些，不要让上司多心，尽量把功劳往他脸上贴，让他觉得自己是个英明的关键人物；碰到爱听赞美话的，要好好学学赞美之道，任何人都喜欢听好话，高明的赞美也是一门艺术，没准还能从中参透说话的艺术；碰到实在是有人品问题、心理阴暗的上司，那可要防着了，做事多留个“心眼儿”，必要的时候给自己留下人证物证，变被动为主动。

林子大了，什么鸟都有；社会复杂了，什么样的人都存在。颠倒黑白、混淆是非者有之；阳奉阴违、两面三刀者有之；有明枪也有暗箭；有心黑脸厚者的多端诡计，也有盈盈笑脸背后的许多陷阱。社会是一张巨大的关系网，把我们“网”在其中。因此，要想在社会上混饭吃，一个人就要学会在复杂多变的环境中保护自己，在人际交往中多长个“心眼儿”，少一点儿棱角，多一些圆融通达，在各种场合下都能应付自如，左右逢源。

“心眼儿”并不仅仅只是“心机”“心计”等，它还包括多思考，遇事比别人多想一些。所以，一个人要多留个“心眼儿”，才能在这个社会上游刃有余。

小李学的是采矿专业，大学毕业后被分配到县里的一家煤矿企业工作。数年后，煤矿企业濒临倒闭，小李正准备辞别亲人去外地打工。碰巧有一天，他在一位亲戚家看到一张包东西用的废报纸，上面刊登了一篇通讯，因为看到内容与他所在的县有关，于是他要了这张报纸，拿回家详细阅读。这篇通讯讲的是他所在的县新任县委书记重视人才，破格提拔多名青年科技人才的故事。其中就有一位是食品专业的大学生，已经跑到深圳打工了，只是向这位书记写了一份自荐，即被召回，并破格提拔为县麻鸡研究所所长。而小李虽然是煤炭学院毕业的，但在全国各类刊物发表文章上百篇，于是他也给县委书记写了一封自荐信，结果被调到县广播电台担任编辑，从事新闻报道工作。在工作期间，他勤奋努力，阅读了大量的经济理论专著，为全国各类报刊撰写经济理论文章，成为小有名气的撰稿人。后来，又有四家新闻媒体向他发去邀请信，他选择了其中一家，成为一名专职记者，再加上一些业余撰稿的稿费，收入相当丰厚。

这样的故事还有很多，都诠释了一个道理：成功就是你比别人多一个“心眼儿”。

生活就是一个万花筒，透过筒孔，我们可以看到自己的身躯，看到别人的形象，看到无处不在的机会和陷阱。人生如棋局，机会如棋子。所以我们不但要把握好每个棋子的潜能，还要做生活的有心人，唯有这样，我们才能处处取得先机，事事赢得胜算；才能出手不凡，卓尔不群。

一些刚踏入社会工作不久、涉世未深的年轻人，常常会被别人利用而不自知。在现实中，这种情况并不少见。为了避免这种事情的发生，应该怎样多留一个“心眼儿”呢？

（1）要分清责任界限。别人一时有难，伸出你的援助之手拉他一把，确实是应该的，但要把这样做的后果想清楚，不能什么事都无条件地承担，不管他是什么人都应如此。

（2）不分忠奸被人当枪使。在人生道路上，不管干什么事，都要与各种人相处，尤其是涉世不深的年轻人，更要善于辨认忠奸，能从自己身边人的言行举动中辨识出真伪。否则，被虚假的现象所迷惑，良莠不识，就会无意中被别有用心的人所利用，悔之莫及。

（3）不要乱管闲事。管闲事与管应当管的事的最大差别，在于对方愿意接受的程度有所不同。在现实生活中，许多人是被盲目的“热情”所驱，根本不知道他们该管什么，不该管什么，常常使人们对他们唯恐避之不及。

此外，不是所有的进攻都是显而易见的。有些同事有目的地提供帮助，以便从新手那里夺取大权。对付的策略是：对别人提供的帮助要多加思考，并向对方表示以后再谈。

如今，在做人做事的时候一定要多留一个“心眼儿”，不要被别人当“枪”使了，更不要多管一些本不该去管的闲事。如果你能做到，在生活和工作中必将如鱼得水、游刃自如，足可以让自己幸福平安一生。

为人处世用点儿心机

显规则告诉我们，做人要老实安分，不要惹是生非。老实

没错，人人都希望别人老实，喜欢和老实的人相处交往，因为和老实的人相处比较安全，老实的人宁愿自己吃亏也不愿意别人吃亏，老实的人从不算计别人。古今中外的成功人士，都把老实作为君子必守的一道准则。

但是，任何事情都有一个度，一旦过了火，事情就走向了反面。老实可以，但太老实就要不得了。太老实是一种木讷、一种保守、一种顽固，太老实的人不懂得人情世故，不知道规划自己的人生；太老实的人只知道按部就班地生活，没有创新没有突破，从来不去想要主动干什么，只知道按照别人的吩咐去做事情，甚至不知道自己能干什么不能干什么。这样的人，一生能有多大的成就？太老实的人一生都处于被动中，也注定一生都会平庸，不是没有机遇青睐他，而是机遇来到他的面前他也看不见，更不用说主动去创造机遇了。

上帝告诉一个老实人，他将有机会得到巨大的财富，并在社会上获得卓越的地位，还能娶到一位漂亮的妻子。

老实人信以为真，放弃了所有的努力，开始等待上帝给他的承诺。

可是这个老实人终其一生也没有等到这个承诺的兑现，他始终一无所有。

当这个人死后，就去质问上帝："你为什么要骗我？你说给我一切，可我等了一辈子却什么也没有等到。"

上帝回答他："我只承诺过要给你机会得到财富，以及一个受人尊重的社会地位和一位漂亮的妻子，可是由于你的等待，你让这些机会从你身边溜走了。”

这就是太老实的人，机遇站在他的面前他都不知道，非得有人告诉他：“这是机遇，快抓住！”太老实的人没有主见，总是根据其他人——父母、亲人、朋友的意见，选择他们的职业和生活方向。尤其是当别人一再重复自己的意见时，老实人就更难以拒绝。于是，很多太老实的人选择了一条不属于自己的路，可想而知，在这条路上他能够走多远呢?

“马善被人骑，人善被人欺。”太老实的人容易被别人欺负。这可以算是太老实的人最大的悲哀与无奈了。我们可以看到，在职场上，太老实的人总是被其他员工使唤过来又使唤过去，有什么累活、苦活或者吃力不讨好的差事总是叫太老实的人去做，其他的人则坐享其成；如果事情做砸了，就把责任全推到太老实人的身上。而太老实人一般胆小怕事、安分守己，对人对事谨小慎微，从不会随便得罪别人，即使别人得罪了自己，也不会记恨在心，更不会以牙还牙。这样一来，太老实的人就常常被那些不老实的人欺负，而且即使自己吃了亏也认了，也不会向老板反映。

反过来，太老实的人对于别人的一点儿小小的恩惠却牢记心中，并时刻想着找机会给予报答，即使那些施与恩惠的人早已经忘记了这点儿事。如此看来，太老实的人是职场里的“冤大头”。

老黄是公司里的老员工了，都快要退休了却还是公司里最底层的职工，公司不重用他是因为他太老实，公司不辞退他也是因为他太老实，不忍心。

公司有自己的厨房，中午的工作餐公司自己做。厨房在一楼，二楼的员工中午吃饭的时候都应该亲自跑下楼来拿属于自己的那一份。老黄出于好心，总是在吃饭前10分钟把二楼所有员工的饭提上来。第一次，同事们都非常感激。次数多了，同事们就习惯了，下意识里以为这是老黄应该做的，于是不但不感谢，有时候还吆喝："老黄，该吃饭了，下去拿饭！"

这样还不算，同事们得寸进尺，吃完饭后都把自己的碗放在老黄的工作台上，要老黄带下去。老黄也没多想，反正自己也要下去，多带几个碗没什么大不了的。

这一天，同事们吃完饭照旧习惯性地把碗交给老黄。按照以往，老黄吃完饭喜欢打一下盹，然后再把碗送下去。可今天不知道怎么搞的，一不小心睡过了头。恰恰在老黄睡觉的时候，老总和另外一家合作企业的老板来视察工作。看到老黄桌子上堆满了碗筷，合作企业老板皱了皱眉头，心想这个公司员工素质这么差，想必公司也好不到哪里去，于是拒绝和这个公司合作。公司老总就把气全撒在老黄身上，老黄有口难辩。最后，公司把老黄辞了。

而更让老黄感到心寒的是，竟然没有一个同事替他说好话。

这就是一个人太老实的下场。太老实的人在群体中基本上处于不受重视的地位，没有什么实际影响力，也很难脱颖而出成为领导者。太老实的人的这种生存状况与其本身所具有的一些基本特性是分不开的。

首先，太老实的人不善于表现自己，尽管是自己应该得到的也不去争取，会觉得不好意思。自己的优点与能力常常不为人所知，给人的印象很平常，甚至常常被人遗忘还有这样一个人存在，很难引起他人的重视。

其次，太老实的人不知道为自己的将来计划和打算，他们的观念是凑合着过日子，没有什么大的理想，也不知道自己能够做什么，一生糊里糊涂，或许偶尔也有自己的想法，却没机会表达，一旦有机会表达又没有信心，所以即使把想法说出来也不会得到他人的重视。可以说，太老实的人是没有话语权的。

再次，太老实的人不懂得交际，不会运用社会资源，总是单打独斗，在处理各种关系上原则有余、圆通不足，很难树立起自己的威信。太老实的人个性也往往比较孤僻，不主动和别人交往，不主动和别人接触。本来就是一个很普通的人，还不主动，还期望别人主动结交吗？这是不可能的事情，所以太老实的人往往没有多少朋友，也不是一个特别受欢迎的人。

最后，太老实的人不加入任何利益团体，只知道过自己的生活，也没有给别人带来好处的能力，而给别人带不来任何好处的人在整个利益关系的链条中就会处于不被人重视的地位。

所以，为人处世要有一点儿心机。俗话说得好，“害人之心不可有，防人之心不可无”。为人处事留一点儿心机，是保护自己免受伤害的需要。心机是谋略的一部分，善于谋划的人都是有心机的人。不要以为有心机就是要算计别人，更多的时候，心机是为了自己的生存。心机是智慧的流露，也是自保的象征，没有心机的人会受到来自外界的不同种类的伤害。人情冷暖，世态炎凉，社会中的事情错综复杂，面对这样的世界不留有心机，怎能较好地维护自己的正当利益呢?

大智若愚装装糊涂

《红楼梦》中的王熙凤，可谓是家喻户晓。

王熙凤何等的冰雪聪明，简直就是女人中的精品，恐怕这世上有很多男人都不及她。她八面玲珑、九面处世、外柔内刚；她笑里藏刀，表面向你微笑，心里却在给你下套子。一个图上她美色的贾瑞被她的计策整得一缕孤魂上青天；一个看上她老公的尤二姐被她的两面三刀给逼得吞金自尽；而她的“偷梁换柱调包计”则送掉了颦儿脆弱的性命。

王熙凤的能耐大得几乎能登天，整个荣、宁二府在她的整治下服服帖帖，一个秦可卿出殡这样的大事到了她手里简直是小菜一碟。她能说会道，贾府上下无人不晓得她琏二奶奶的。

可王熙凤却是一个精明过火的女人，精明到处处好强、事

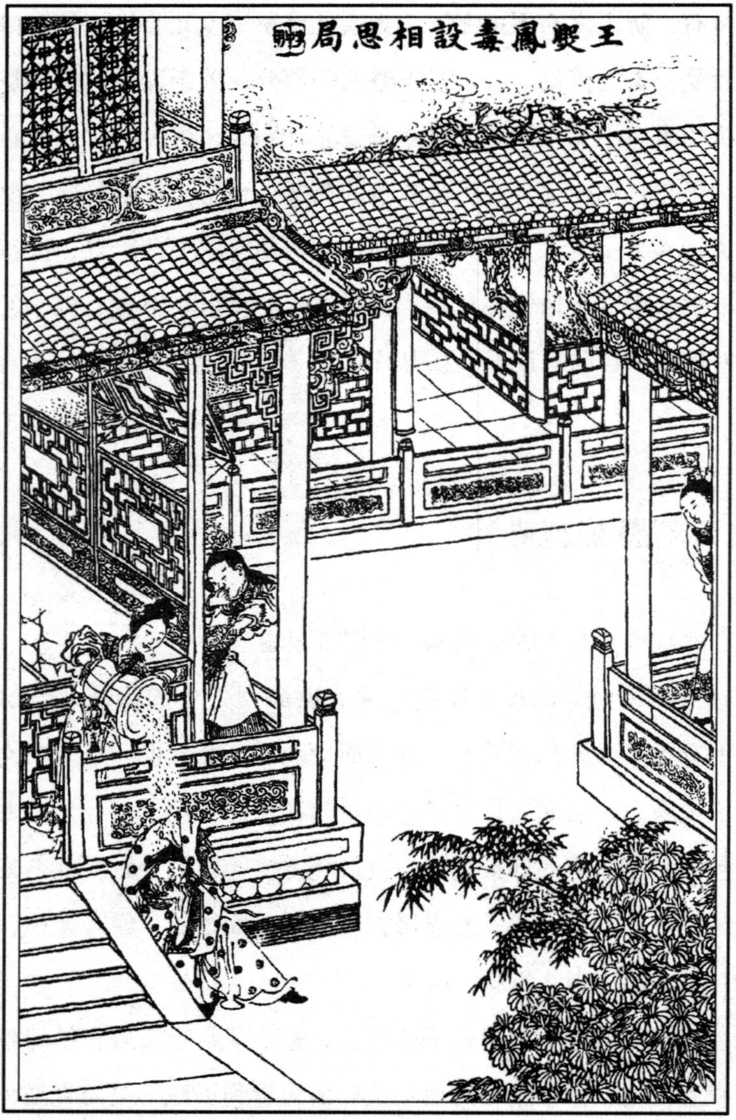

王熙凤毒设相思局（《红楼梦》版画）

事争胜，哪儿都落不下她，终于得罪了大太太，加之贾母撒手人寰，她的靠山没了，终于反送了卿卿性命。

红学家们感慨这样一个精明能干的女人最终结局如此悲惨，全在于她毕竟是一介女流，毕竟没有看透交际场上的一条处世哲学——难得糊涂。

为人处世，是精明一点儿好，还是糊涂一点儿好，各人有各人不同的答案。但是卡耐基认为，人脉中还是“糊涂”一点儿好，当然这种糊涂并不是真的糊涂，而是希望我们学会一点儿大智若愚的技巧，避免一些弄巧成拙的尴尬。

第二次世界大战期间，英国首相丘吉尔频频向罗斯福发出告急求救，恳求美国伸出援助之手。面对整个社会对战争的反对态度和国会的僵硬立场，罗斯福总统心有同情却无力行动。但罗斯福一方面顺应民众的和平愿望，另一方面又以伟大政治家的智慧重视着战争形势的发展，保持对德国和日本的理性认识。在1940年最后几个星期，美国国会通过了《租借法案》，罗斯福赢得了一次胜利。

终于还是日本帝国主义为罗斯福创造了这个千载难逢的“时机”。1941年12月7日星期日，“珍珠港事件”爆发，日本投向珍珠港的炸弹，不但粉碎了美国舰队，同时也打破了罗斯福战争政策的僵局。当许多人认为罗斯福总统应该在他的战争咨文中详细检查一下他的对日政策时，罗斯福根本不予关注，对他来说，唯一重要的是战争这一事实本身。第二天，当他出席国会两院联席会议时严肃地要求国会宣布全国处于战争状态时，他演说中最重要的一句话就是“战争状态已经存在”。是的，这次演说的高潮只有几分钟，然而它所带来的意义却是罗斯福平日的说教所达不到的。

罗斯福的“袖手旁观”、静待时机，使他面临大事不糊涂，并取得了最后的成功。

“糊涂学”就是拒绝的智慧，这包括了知、情、意三个方面的综合体现：在“知”的方面，“糊涂”就是承认人的认识的有限性，不过分依靠和卖弄自己的智慧，做到勿恃小智、勿弄奇巧、息竞争心。它包含了大智若愚、藏巧于拙，顺其自然、无为而治，谨言慎行、因势利导，精益求精、善于其技，虚心纳谏、博采众长，居安思危、留有余地等范畴。在“情”的方面，就是安贫乐道、隐忍退让、息贪婪欲，它包含安守本分、不要凡事强做，淡泊名利、宁静致远，乐天知命等。在“意”的方面，就是淡泊明志、立身端方、守清正节，包含宠辱不惊、功成不居，严于律己、宽以待人，刚正不阿、洁身自好等。

当然，糊涂的范畴很广，我们在这里无法把所有的都涵盖，只能说真正的大智若愚还要在日常的积累中感悟。真正能巧用模糊的技巧，偶尔装装糊涂，将有助于经营你的人脉，改善你的人际关系。

罗斯福（1882 年—1945 年），美国第 32 任总统，连任四届，病逝于第四届任期中。

能屈能伸能进能退

很多人都看过跳远比赛，跳远选手们为了跳得更远，都要往后退上好多步，然后助跑上一长段距离，这样才可以跳得更远。然而，大多数人不懂得把这种简单的道理应用在现实生活中，往往是为了一些小的利益与别人互不相让，结果两败俱伤。

一些精明人懂得变通之法，他们不会正面与人反驳，而是给对方一些小甜头，要知道，做出这些小的让步是为了获得更大的利益。这是为什么呢？因为人们都有一种共同心理，那就是要得到别人足够的尊重，只要你给他一些小的让步，他就会满足你更大的要求。

成功的人在对付反对意见的时候常常尽量使自己做些“小让步”。每当争执发生的时候，他们总是在心里盘算着：“关于这一点能否做一些让步而不损害大局呢？”

在有些情况下，别人争论不休的论点，对自己来讲反而不那么重要。

美国著名的顾问尼一韦作为贺华勃及罗克法茵等许多大名鼎鼎的人物的咨询决策人，曾经很妥善地帮助他们解决了一个个非常难处理的事件。

一次，尼一韦想请英国著名的阿丝狄夫人参加刚在纽约动工的阿斯托尼亚大饭店的奠基典礼。

“不行，”阿丝狄夫人说，“此事恕我不能遵命，你们之所以需要我，只是让我为你们旅馆做广告而已。”

而尼一韦的话的确使人大吃一惊。“夫人，的确如此，”尼一韦接着说，“然而，你也不会一无所获的，你也可以借此接近广大群众。因为这个典礼将由广播电视向全国转播。”后来他又向她声明，他们并不希望她发表什么演说，只是要她到场露一下面就行了，并且反复强调了此举的意义。最后阿丝狄夫人应允下来，答应出席他们的奠基典礼。

从这里我们可以看出，尼一韦能使阿丝狄夫人答应的真正原因，还是在于他开始的时候，使夫人感到出其不意的让步。

英国曾有位著名的首相，名字叫劳合·乔治，他在政治方面有自己独特的见解，被称之为“圆融的劝诱术”。一个乔治的研究者对此做了如下解释：“乔治常常是在别人以为他已经失败了的时候获得胜利的。他懂得什么时候应当牺牲一点儿而最终取得全局的胜利。”

有的时候的确要造成使人有反对余地的局面，碰到这种情况，不妨故意预备好一些无伤大局的细节，让对方表示反对，而你则做有目的的让步。

曾经有位广告家，为了做一点儿让步，故意在一幅画着一只猫的油画上，在猫脖子上画了一个多余的红圈。这幅画是让一个脾气古怪的管理人鉴定的。他一见此画便咆哮起来：“干吗画上个红圈！赶紧将它取消！”于是，这位广告家一声不吭地用颜料把那红圈涂掉了，这位鉴定者也无话可说了，便出了一个较高的价钱将画买下。

这个小小的“红圈”细节使广告家战胜了这位十分难打交道的管理人。

因此，无论什么时候，获得别人认同的唯一方法，就是在小的方面让步，以保证在大的方面取胜。在职场上，要有能屈能伸的精神，该退的时候必须退。这时的退，并不代表低头认输，而是为以后的胜利打好基础。

故意犯错保护自己

俗话说“枪打出头鸟”，人太完美、太露锋芒，是很难走远的。精明的人，总是会故意在明显处留点瑕疵，绝不做挨枪子的出头鸟。

电视连续剧《潜伏》中有一段寓意深刻的情节：

军调期间，天津站里的特务们也行动了起来，他们乔装成工作人员潜伏在共产党代表所下榻的宾馆里。余则成设计拿到了这份特务名单，把它交给了左蓝。于是共产党在记者会上把这份名单向公众公布，这就是国民党破坏和谈的直接证据，一时间舆论都倒向了我方。

为了保护消息来源，余则成、左蓝在保持名单大样的基础上，故意说错一些名字和他们的身份信息。敌人果然上当了。当吴站长问下属意见时，陆桥山就故作聪明地回答：“肯定不是咱们上层泄露的。因为上层都有详细名单，他们就不会出现这样的小错。”这点小瑕疵成了余则成的最佳保护色。

让对方看到自己的破绽，这看起来很傻，但这恰是一种聪明的策略。左蓝和余则成就是借用这种方法转移了敌人的注意力。

留一点儿瑕疵，让人一眼就看见“他连这么简单的都搞错了”。这样一来，尽管你出人头地、木秀于林，别人也不会对你敬而远之或因妒生恨。一旦他发现“原来你也有错”，反而会缩短与你之间的距离。

马林在某公司人事部工作。有一天，企划总监突然叫他整理一份优秀员工的资料。据知情人士透露，这其实是一次考试，它将关系到马林是否还能继续在人事部待下去。本来对这样的材料，他并不感到为难，但有了无形的压力，便不得不格外用心。他熬了一个通宵，写好后又反复推敲，改了好几遍，第二天一上班，就把它送到了总监的桌子上。

马林很快完成任务，而且在内容、结构上也没有什么可挑剔的，总监当然高兴了。可是，总监快看到最后，笑容就收紧了。末了，他把文稿退回，让他再认真修改修改。总监满脸的严肃，真叫人搞不清什么地方出了差错。马林转身刚要迈步，总监像突然想起了什么似的说：“对，对，那个‘副经理’的‘副’字不能写成‘付’，改过来，改过来就行了。”就这么简单！总监又恢复了先前高兴的样子，一个劲儿地夸道：“来得快，不错。”

考试自然过关，还是优秀呢!

原来，马林怕自己写得太好，盖住上司的光芒，故意写了一个错别字，把副写成了“付”。

有时，人们要学会适当地犯一点儿无伤大雅的小错误，不要在他人面前显得过于完美。如说上级派你去办一件事情，在事情还没有办完之前，你就不能打包票说一切都没有问题，即便真是没有一点儿问题，那么你也要向上级说中间可能会有一点点的小问题，在执行过程当中还是会遇到一点点的小困难，等等，否则，上级肯定会认为你在吹牛，降低他对你的信任度。

在与他人相处时，适当地把自己安置得低一点儿，就等于把别人抬高了许多。当被人抬举的时候，谁还有放置不下的敌意呢？既然人不是上帝，那么适当地犯点小错，相信人人都能够谅解。并且，你的这些小错误也给了别人自尊心上的满足，这样，别人才不会因为嫉妒而攻击你。表面上看来，犯错是不好的，实际上却是给自己搭了一个获得好人缘的梯子。

所以，在与他人相处的时候，我们不妨恰当地暴露一下自己的缺点，在明显的地方留一点点瑕疵。

附录

小测试：你是“N 型人”还是“Y 型人”

懂得拒绝的人，归纳为“N型人”（NO）；凡事点头，习惯说“好”的人，总称为“Y型人”（YES）。想知道自己是哪种人，花5分钟做以下的测试吧。在回答每一个问题时，请根据自己的实际情况打分。最后，将各题分数相加，测试出你是哪一类型人。

（1）周末晚上朋友打电话邀你去Party，明知道很浪费时间，但你有勇气跟他说“谢谢你，我无法去”吗？

是（1分）否（0分）

（2）邻居的狗经常乱叫个不停，你会当面跟他抱怨吗？

是（1分）否（0分）

（3）你正在减肥，若同事买蛋糕请你吃，你会坚持谢绝不吃吗？

是（1分）否（0分）

（4）你每天总是准时起床，从不赖床吗？

是（1分）否（0分）

（5）每逢百货公司折扣，你总会超出预算消费吗?

是（0分） 否（1分）

（6）年初订的工作目标，你会设法达到9成以上吗?

是（1分） 否（0分）

（7）你是否常答应别人的请求，事后才发觉自己根本没有能力处理?

是（0分） 否（1分）

（8）你很喜欢一些企划缜密的计划和方案吗?

是（1分） 否（0分）

（9）从小你的数学、统计，就比画画、唱歌成绩好吗?

是（1分） 否（0分）

（10）遇到挫折时，你总能先设法找出解决方案，而不是到处抱怨吗?

是（1分） 否（0分）

（11）看到电视播出新的零食广告，就会忍不住去超市买一包回来吃吗?

是（0分） 否（1分）

（12）正在排队买车票时，有个人刻意插队，你会去纠正他（她）吗?

是（1分） 否（0分）

（13）去加油时，会比较各家打折情况后，才决定到哪家加油站，而非只看赠品吗?

是（1分）否（0分）

（14）和同事发生争执时，不管别人怎么侮辱或抹黑，你都能一笑置之而不动怒吗？

是（1分）否（0分）

（15）看到感人的电视剧情时，你很少落泪吗？

是（1分）否（0分）

测试结果

12～15分典型的“N型人”

你是个理性的人，喜欢事前做好准备和规划。总能三思而后行，不会盲目跟从流行，不会随波逐流，很有自己的意见和想法。别人越是想说服你，你越会觉得反感，是个典型的“N型人”。

8～11分偏向“N型人”

你有时会“先行动，再后悔”，但在一般情况下，还是会好好控制自己的欲望和行动。偶尔会被情绪牵着鼻子走，做出一些不理性的消费和投资。不过，到一定程度时，会紧急踩刹车，不致酿成大错。“N型”性格多于“Y型”，偏向“N型人”。

4～7分偏向“Y型人”

你的个性随和，不愿得罪别人，为了不让别人失望，总会吃些闷亏，经常勉强自己完成不擅长或不喜欢的工作。虽然你的理性始终存在，但为了顾及亲情和友情，还是会做出错误的判断。“Y型”性格多于“N型”，偏向“Y型人”。

3分以下是典型的“Y型人”

你喜欢心血来潮，凭冲动和情绪做事，由于缺乏事前缜密规划的习惯，所以生活中总会遇到各种麻烦，甚至引发失控的局面。财务经常吃紧，但你仍乐在其中，因为你相信，这样才会带来多姿多彩的生活，是个典型的“Y型人”。